建筑施工图实例导读

褚振文　编著

中国建筑工业出版社

图书在版编目（CIP）数据

建筑施工图实例导读/褚振文编著. —北京：中国建筑工业出版社，2013.5
ISBN 978-7-112-15301-5

Ⅰ.①建… Ⅱ.①褚… Ⅲ.①建筑制图-自学参考资料 Ⅳ.①TU204

中国版本图书馆 CIP 数据核字（2013）第 062910 号

本书介绍了某套住宅楼施工图的识图。图的内容有土建、水、电等，图中有识图导读及相关理论知识。在内容的编排上，具有以下特点：

1. 直接通过实例学习识图。
2. 强调用立体图导读，辅以文字讲解，直观、易懂。
3. 在实际中学习识图，在识图中学习实际。

本书能帮助读者在较短的时间内掌握建筑识图知识，特别适合自学也可用作建筑类专科院校的学生辅导教材。

责任编辑：封　毅　张　磊
责任设计：赵明霞
责任校对：张　颖　陈晶晶

建筑施工图实例导读
褚振文　编著

＊

中国建筑工业出版社出版、发行（北京西郊百万庄）
各地新华书店、建筑书店经销
霸州市顺浩图文科技发展有限公司制版
北京富生印刷厂印刷

＊

开本：787×1092 毫米　1/8　印张：11　字数：260 千字
2013 年 7 月第一版　　2014 年 6 月第二次印刷
定价：25.00 元
ISBN 978-7-112-15301-5
　　　（23392）

目　录

1　某住宅楼建筑施工图实例导读

建 筑 设 计 总 说 明（一）

某某建筑设计研究院

建筑工程甲级　证书编号：110111-sj

备注：

第一部分　概述

一　设计依据
1. 项目批文及国家现行建筑设计规范
2. 本工程基地地形图及规划图
3. 建设单位委托设计单位设计本工程的设计合同书

二　工程概况
1. 工程名称：某某12号楼
2. 建设地点：某某省某某市
3. 建设单位：某某实业有限公司
4. 建筑面积：1351.4m² 户型编号：C户型
5. 设计使用年限：50年
6. 结构形式、建筑层数、建筑高度：砌体结构（一二层框架），3层，11.30m
7. 抗震设防烈度：非抗震区
8. 屋面防水等级：本工程属Ⅲ级防水，防水层耐用年限15年，二道防水设防
9. 耐火等级：二级
10. 室内环境污染等级分类：Ⅰ类
11. 建筑物定位图详见总体施工图

三　一般说明
1. 本工程图注尺寸除标高以米计外，其余尺寸均以毫米计。
2. 图注标高为相对标高，本建筑相对标高±0.000相当于绝对标高11.900m，施工前须核对室内外绝对标高及场地周边城市道路标高，确认无误后方可施工。总平面位置见总平面定位图。
3. 墙身防潮层：在室内地坪下约60mm处做20mm厚1∶2水泥砂浆内加3%~5%防水剂，墙身防潮层（在此标高上有钢筋混凝土构造，或下为砌石构造时可不做），当室内地坪变化处防潮层应重叠，并在高低差地坪土一侧墙身做20mm厚1∶2水泥砂浆防潮层，如果土侧为室外，还应刷1.5mm厚聚氨酯防水涂料（或其他防潮材料）。
4. 卫生间均设地漏，并向地漏方向做0.5%排水坡度，以利排水。
5. 卫生间比相邻的楼地面低30mm。
6. 阳台均比相邻的楼地面低30mm，并向地漏方向做0.5%排水坡度。

第二部分　主要工程做法

一　室外工程
1. 台阶做法：详C2J003图集第7页节点2B。具体选用视踏步数量，由环境设计定。
2. 坡道做法：详C2J003图集第31页节点6。均应保证室内外高差不小于100mm。
3. 面层材料和色彩由环境设计定，可先做基层，预留面层及结合层厚度。

二　墙体工程
1. 本工程墙体采用200mm厚蒸压加气混凝土砌块，构造柱详结施。
2. 在窗台标高处设置钢筋混凝土带板，板带的混凝土强度等级不小于C20，厚度不小于60mm，纵向配筋不宜小于3φ8mm，嵌入窗间墙内不小于600mm。
3. 在两种不同材料交接处，应采用宽度大于等于300mm，厚1mm钢板网（网眼不小于10mm×10mm）抹灰，或耐碱玻璃纤维网格布聚合物砂浆加强带进行处理，加强带与各基体的搭接宽度不应小于150mm。
4. 卫生间及顶层屋面周边应向上设一道高度不小于150mm的混凝土防水反梁，与楼板一同浇筑。
5. 在凸出外墙面的空调板、雨篷、屋顶露台等部位上口增设一道高度不小于150mm的C25混凝土现浇带。
6. 外墙部分自地下室外墙顶至+0.500m处设置防潮层，做法参见03J930-1第127页节点3做法。
7. 外墙应注意窗台、各种装饰线脚与保温层间的收头处理和防渗处理，凡外凸线脚应设滴水线。
8. 窗台泛水坡度应不小于10%，严防倒泛水。

三　防水工程
1. 屋面工程　本工程平屋面属Ⅱ级防水、防水层耐用年限为15年。
   屋面1：坡屋面，详00J202-1 (W3)B1-40，防水材料为聚氨酯防水涂料。

屋面2：上人保温平屋面，详99J201-1 (W2A)B7-35，陶粒混凝土找坡，防水材料为SBS防水卷材。

屋面3：不上人平屋面，详99J201-1 (W2A)，陶粒混凝土找坡，防水材料为SBS防水卷材。

2. 卫生间防水做法：
   底板做法如下（由下至上）。
   1) 卫生间内底板，15mm厚1∶3水泥砂浆找平；
   2) 刷弹性水泥防水涂料二道厚1.5mm（沿墙脚上翻200mm），四周墙体做150mm高混凝土防渗；
   3) 面层用10mm厚1∶2防水砂浆贴地砖，卫生间与卧室、壁柜相邻墙面用防水砂浆粉刷。
3. 透气管出平屋面做法见国标99J201-1 (1/44)。坡屋面做法见国标00J202-1 (2/35)。

四　门窗工程
1. 门窗的物理性能：门窗的选料和安装均应符合国家对型材和建筑玻璃等专业规范的要求，抗风压性能分级为3级，气密性能为3级，水密性能为2级。
   保温性能分级为7级2.85W/(m²·K)，空气隔声性能分级为2级，采光性能分级为3级。
2. 门窗玻璃的选用应遵照《建筑玻璃应用技术规程》JGJ 113和《建筑安全玻璃管理规定》及地方主管部门的有关规定。
   铝合金门窗的气密性及玻璃厚度由制作厂家根据《民用建筑热工设计规范》及风压荷载计算确定。
3. 门窗拼樘必须进行抗风压变形验算，拼樘料与门窗框之间的拼接应为插接，插接深度不小于10mm。
4. 铝合金门窗料必须使用与其相匹配的衬钢，衬钢厚度应满足规范要求，并做防腐处理。
5. 铝合金门窗型壁厚必须满足国家规定要求。
6. 门窗框料与结构墙体间的缝隙，应采用弹性材料嵌填，外口采用防水耐热密封胶封缝。
7. 图中所示门窗尺寸均为门窗洞口尺寸，施工前须核对尺寸并以现场实际测量尺寸为准，制作时需留出安装缝隙和立面图核对无误方可加工。
8. 设计仅表示立面分格和开启方式及洞口尺寸，每个门窗的开启方式应对照建筑平面图，其详细安装设计由业主委托有能力的专业公司进行。
9. 外门窗立樘位置除注明者外均位于墙厚居正中，门窗玻璃密封膏选用有机硅建筑密封膏，颜色为透明。
10. 门窗预埋在墙或柱内的木、铁构件，应做防腐、防锈处理。
11. 凡窗台高度低于900mm均做护栏，除注明外做法详见国标06J505-1第JH14页节点4。

五　装饰工程外饰1：筒形陶制瓦，颜色特定。
装饰工程外饰2：浅棕色仿石材真石漆，墙体保温做法详见国标06J123，B系统相应节点做法。
外饰3：棕色陶土劈开砖，墙体保温做法详见国标06J123，B系统相应节点做法。
外饰4：面料，颜色待定。墙体保温做法详见国标06J123，B系统相应节点做法。

六　其他
1. 楼梯扶手栏杆做法详06J403-1-A2/18。楼梯斜段栏杆高度为900mm，栏杆垂直净距不大于110mm，水平段距离大于500mm时高度为1050mm。
   楼梯钢栏杆等所有露明金属均为一度防锈漆底，三度银粉漆罩面。
2. 厨房烟道选用皖2005J112图集A-1型烟道，预留洞350mm×300mm。
3. 木材面油漆做法详皖2007-J301图集3/57，色彩待定。
4. 金属面油漆做法详皖2007-J301图集1/59，色彩待定。
5. 窗檐口，雨篷，阳台底，外廊底，窗面口应做滴水线。
6. 凡预埋木砖均需满涂防腐剂，防腐剂应选用环保无污染型材料如桐油。
7. 门窗预留洞口预埋件安装参照皖2000J102图集。
8. 水表井预设洞口：3、4层各单元楼梯休息平台处居阳台圈梁下居中设800mm×800mm洞口；五层为800mm×1500mm。
9. 图中未注明的门洞高度与梁底平。
10. 凡水舌均为φ70白色PVC管，外伸100mm，贴板面设置。

注：本说明中未尽事宜应按国家现行有关施工规范及规程执行。

七　选用图集
■ 02J003　室外工程
■ 皖2007-J301　饰面
■ 00J202-1　坡屋面建筑构造（一）
■ 99J201-1　平屋面建筑构造（一）
■ 皖95J609　民用木门
■ 06J403-1　楼梯栏杆栏板（一）
■ 皖2005J112　住宅防火型烟气集中排放系统
■ 皖03J122　外墙内保温建筑构造
■ 04CJ01-2　变形缝建筑构造（二）

八　备注
本设计图应同有关各专业图纸密切配合施工在未征及设计单位同意时，不得在各构件上任意凿孔开洞。
施工中各工程应密切配合本说明中未尽事宜按国家现行有关施工规范及规程执行。
凡发现本设计中有错、漏、碰、缺和未详之处，请建设单位和施工单位及时与我院设计人员联系，以便研究解决。

九　地下防水工程
1. 地下室顶板防水做法：
   从上往下，做法详见国标02J301编号17做法。
   1) 回填土
   2) 水泥基渗透结晶型防水涂料
   3) 防水钢筋混凝土顶板

2. 地下室外墙防水做法：
   从上往下，做法详见国标02J301编号16做法。
   1) 回填土
   2) 水泥基渗透结晶型防水涂料
   3) 防水钢筋混凝土顶板

3. 地下室底板防水做法：
   从上往下，做法详见国标02J301编号18做法。
   1) 防水钢筋混凝土底板
   2) 水泥基渗透结晶型防水涂料
   3) 垫层

室内罩面表

图集：皖2007-J301

房间名称	楼地面		内墙面	踢脚	顶棚	备注
	地面	楼面				
阳台	水泥砂浆地面 (3/6)	水泥砂浆楼面 保温层取消 (1/30)			白色腻子刮平 (1/59)	
卧室 起居室 其他	水泥砂浆地面 (3/6)	水泥砂浆楼面 保温层取消 (1/30)	白色腻子刮平 (1/52)		白色腻子刮平 (1/59)	
走廊 门厅	地砖 (29/18)			地砖踢脚 (5/63)	乳胶漆 (8/60)	
卫生间 厨房			水泥砂浆墙面 面层取消 (10/54)			

1. 构造柱详见结施图。厨房，卫生间，阳台地漏详见水施。
2. 凡水舌均为φ70白色PVC管，外伸100mm，贴板面设置。
3. 墙体除注明外均为200mm厚，图中未注明的墙垛为120mm。
4. 图中未注明的门洞高度与梁底平。
5. 外墙腰线在雨水立管经过处都应出缺口。

（空调洞如与雨水立管相碰现场调整）

备注：

建设单位

工程名称

绿色港湾 F-1 地块

子项　12号-LC户型

图纸名称

建筑设计总说明1

比例：1∶100

工程勘察设计资质（出图）专用章

注册师章

类别	签名
审定	
审核	
工程主持人	
工种负责人	
校对	
设计	
制图	

会签栏

建筑		电气	
结构		暖通	
给排水		工艺	

工程编号	W200940	图号	1
图别	建施		22
出图日期			

2

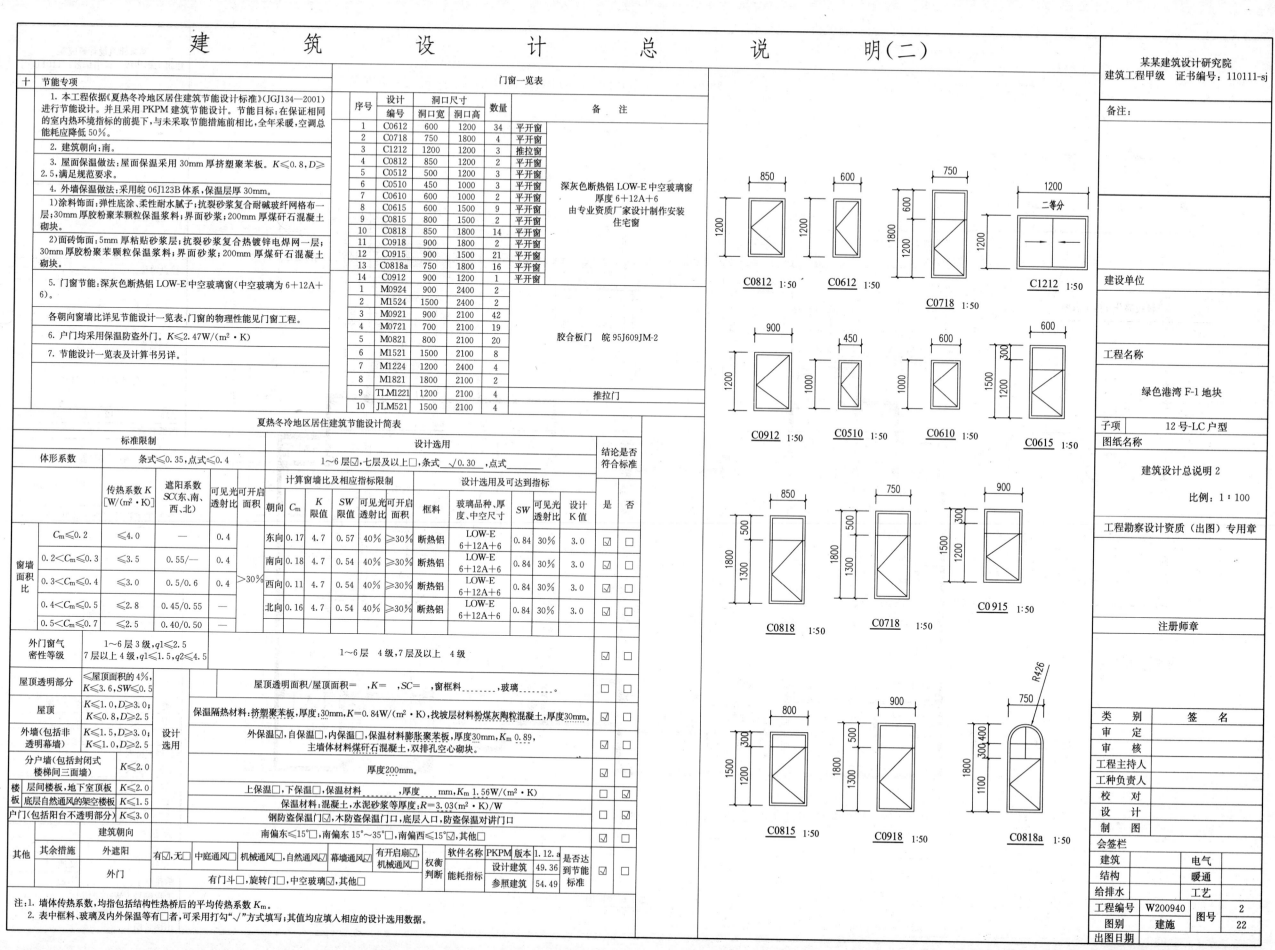

建 筑 设 计 总 说 明（二）

某某建筑设计研究院
建筑工程甲级　证书编号：110111-sj

备注：

十、节能专项

1. 本工程依据《夏热冬冷地区居住建筑节能设计标准》(JGJ134—2001)进行节能设计。并且采用 PKPM 建筑节能设计。节能目标：在保证相同的室内热环境指标的前提下，与未采取节能措施前相比，全年采暖，空调总能能耗应降低 50%。

2. 建筑朝向：南。

3. 屋面保温做法：屋面保温采用 30mm 厚挤塑聚苯板。$K \leqslant 0.8$，$D \geqslant 2.5$，满足规范要求。采用皖06J123B体系，保温层厚30mm。

4. 外墙保温做法：
   1) 涂料饰面：弹性底涂、柔性耐水腻子；抗裂砂浆复合耐碱玻纤网格布一层；30mm厚胶粉聚苯颗粒保温浆料；界面砂浆；200mm厚煤矸石混凝土砌块。
   2) 面砖饰面：5mm厚粘贴砂浆层；抗裂砂浆复合热镀锌电焊网一层；30mm厚胶粉聚苯颗粒保温浆料；界面砂浆；200mm厚煤矸石混凝土砌块。

5. 门窗节能：深灰色断热铝 LOW-E 中空玻璃窗（中空玻璃为 6+12A+6）。

各朝向窗墙比详见节能设计一览表，门窗的物理性能见门窗工程。

6. 户门均采用保温防盗外门。$K \leqslant 2.47 W/(m^2 \cdot K)$。

7. 节能设计一览表及计算书另详。

门窗一览表

序号	设计编号	洞口尺寸 洞口宽	洞口高	数量	备注
1	C0612	600	1200	34	平开窗
2	C0718	750	1800	4	平开窗
3	C1212	1200	1200	3	推拉窗
4	C0812	850	1200	2	平开窗
5	C0512	500	1200	3	平开窗
6	C0510	450	1000	3	平开窗
7	C0610	600	1000	2	平开窗
8	C0615	600	1500	9	平开窗
9	C0815	800	1500	2	平开窗
10	C0818	850	1800	14	平开窗
11	C0918	900	1800	2	平开窗
12	C0915	900	1500	21	平开窗
13	C0818a	750	1800	16	平开窗
14	C0912	900	1200	1	平开窗
1	M0924	900	2400	2	
2	M1524	1500	2400	2	
3	M0921	900	2100	42	
4	M0721	700	2100	19	
5	M0821	800	2100	20	
6	M1521	1500	2100	8	
7	M1224	1200	2400	4	
8	M1821	1800	2100	2	
9	TLM1221	1200	2100	4	推拉门
10	JLM521	1500	2100	4	

窗备注：深灰色断热铝 LOW-E 中空玻璃窗　厚度 6+12A+6　由专业资质厂家设计制作安装住宅窗

胶合板门　皖 95J609JM-2

夏热冬冷地区居住建筑节能设计简表

		标准限制			设计选用											结论是否符合标准	
体形系数		条式≤0.35，点式≤0.4			1~6层☑，七层及以上□，条式√0.30，点式___											是☑	否□

		传热系数K [W/(m²·K)]	遮阳系数SC(东、南、西、北)	可见光可开启面积	计算窗墙比及相应指标限制					设计选用及可达到指标						是	否
					朝向	Cm	K限值	SW限值	可见光透射比	可开启面积	框料	玻璃品种、厚度、中空尺寸	SW	可见光透射比	设计K值		
窗墙面积比	Cm≤0.2	≤4.0	—	0.4	东向	0.17	4.7	0.57	40%	≥30%	断热铝	LOW-E 6+12A+6	0.84	30%	3.0	☑	□
	0.2<Cm≤0.3	≤3.5	0.55/—	0.4	南向	0.18	4.7	0.54	40%	≥30%	断热铝	LOW-E 6+12A+6	0.84	30%	3.0	☑	□
	0.3<Cm≤0.4	≤3.0	0.5/0.6	0.4 >30%	西向	0.11	4.7	0.54	40%	≥30%	断热铝	LOW-E 6+12A+6	0.84	30%	3.0	☑	□
	0.4<Cm≤0.5	≤2.8	0.45/0.55	—	北向	0.16	4.7	0.54	40%	≥30%	断热铝	LOW-E 6+12A+6	0.84	30%	3.0	☑	□
	0.5<Cm≤0.7	≤2.5	0.40/0.50	—													

外门窗气密性等级	1~6层3级，q1≤2.5 7层以上4级，q1≤1.5，q2≤4.5	1~6层 4级，7层及以上 4级	☑	□
屋顶透明部分	≤屋顶面积的4%，K≤3.6，SW≤0.5	屋顶透明面积/屋顶面积= ，K= ，SC= ，窗框料_____玻璃____。	□	□
屋顶	K≤1.0，D≥3.0，K≤0.8，D≥2.5	保温隔热材料：挤塑聚苯板，厚度：30mm，K=0.84W/(m²·K)，找坡层材料粉煤灰陶粒混凝土，厚度30mm。	☑	□
外墙（包括非透明幕墙）	K≤1.5，D≥3.0；K≤1.0，D≥2.5	设计选用 外保温☑，自保温□，内保温□，保温材料膨胀聚苯板，厚度30mm，Km 0.89，主墙体材料煤矸石混凝土，双排孔空心砌块。	☑	□
分户墙（包括封闭式楼梯间三面墙）	K≤2.0	厚度200mm。	☑	□
楼板 层间楼板，地下室顶板	K≤2.0	上保温□，下保温□，保温材料_____，厚度_____mm，Km 1.56W/(m²·K)	□	☑
底层自然通风的架空楼板	K≤1.5	保温材料：混凝土，水泥砂浆等厚度；R=3.03(m²·K)/W	□	☑
户门（包括阳台不透明部分）	K≤3.0	钢防盗保温门，木质保温门，底层入口，防盗保温对讲门口	□	☑
建筑朝向		南偏东≤15°□，南偏东 15°~35°□，南偏西≤15°☑，其他□	☑	□
其他 其余措施	外遮阳	有☑，无□，中庭通风□，机械通风□，自然通风☑，幕墙通风□，有开启扇□，机构通风□	☑	□
	外门	有门斗□，旋转门□，中空玻璃☑，其他□		

权衡判断	软件名称	PKPM版本 1.12.a	是否达到节能标准
能耗指标	设计建筑	49.36	☑
	参照建筑	54.49	

注：1. 墙体传热系数，均指包括结构性热桥后的平均传热系数 Km。
2. 表中框料、玻璃及内外保温等有□者，可采用打勾"√"方式填写；其值均应填入相应的设计选用数据。

门窗大样图

C0812 1:50　C0612 1:50　C0718 1:50　C1212 1:50

C0912 1:50　C0510 1:50　C0610 1:50　C0615 1:50

C0818 1:50　C0718 1:50　C0915 1:50

C0815 1:50　C0918 1:50　C0818a 1:50

建设单位

工程名称：**绿色港湾 F-1 地块**

子项：**12号-LC 户型**

图纸名称：**建筑设计总说明 2** 比例：1：100

工程勘察设计资质（出图）专用章

注册师章

类别	签名
审定	
审核	
工程主持人	
工种负责人	
校对	
设计	
制图	

会签栏

建筑		电气	
结构		暖通	
给排水		工艺	

工程编号	W200940		2
图别	建施	图号	22
出图日期			

3

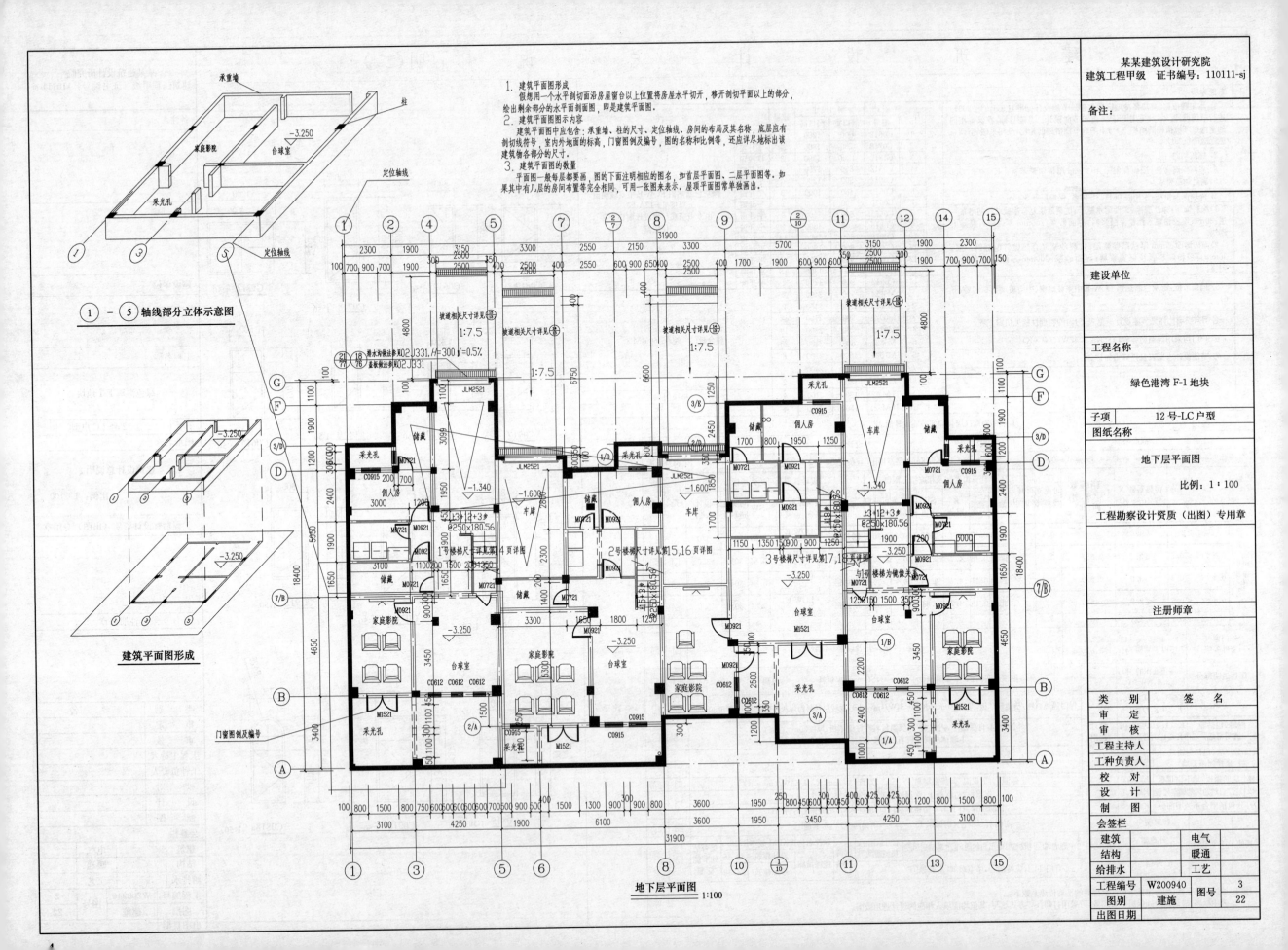

1. 建筑平面图形成
　　假想用一个水平剖切面沿房屋窗台以上位置将房屋水平切开，移开剖切平面以上的部分，绘出剩余部分的水平面剖面图，即是建筑平面图。
2. 建筑平面图图示内容
　　建筑平面图中应包含：承重墙、柱的尺寸、定位轴线、房间的布局及其名称，底层应有剖切线符号，室内外地面的标高，门窗图例及编号，图的名称和比例等，还应详尽地标出该建筑物各部分的尺寸。
3. 建筑平面图的数量
　　平面图一般每层都要画。图的下面注明相应的图名，如首层平面图、二层平面图等。如果其中有几层的房间布置等完全相同，可用一张图来表示。屋顶平面图常单独画出。

承重墙　柱　家庭影院　台球室　采光孔　-3.250

定位轴线　定位轴线

① - ⑤轴线部分立体示意图

建筑平面图形成

门窗图例及编号

地下层平面图　1:100

某某建筑设计研究院
建筑工程甲级　证书编号：110111-sj

备注：

建设单位

工程名称
绿色港湾 F-1 地块

子项　12号-LC 户型

图纸名称
地下层平面图

比例：1：100

工程勘察设计资质（出图）专用章

注册师章

类　别	签　名
审　定	
审　核	
工程主持人	
工种负责人	
校　对	
设　计	
制　图	
会签栏	

建筑		电气	
结构		暖通	
给排水		工艺	

工程编号	W200940	图号	3
图别	建施		22
出图日期			

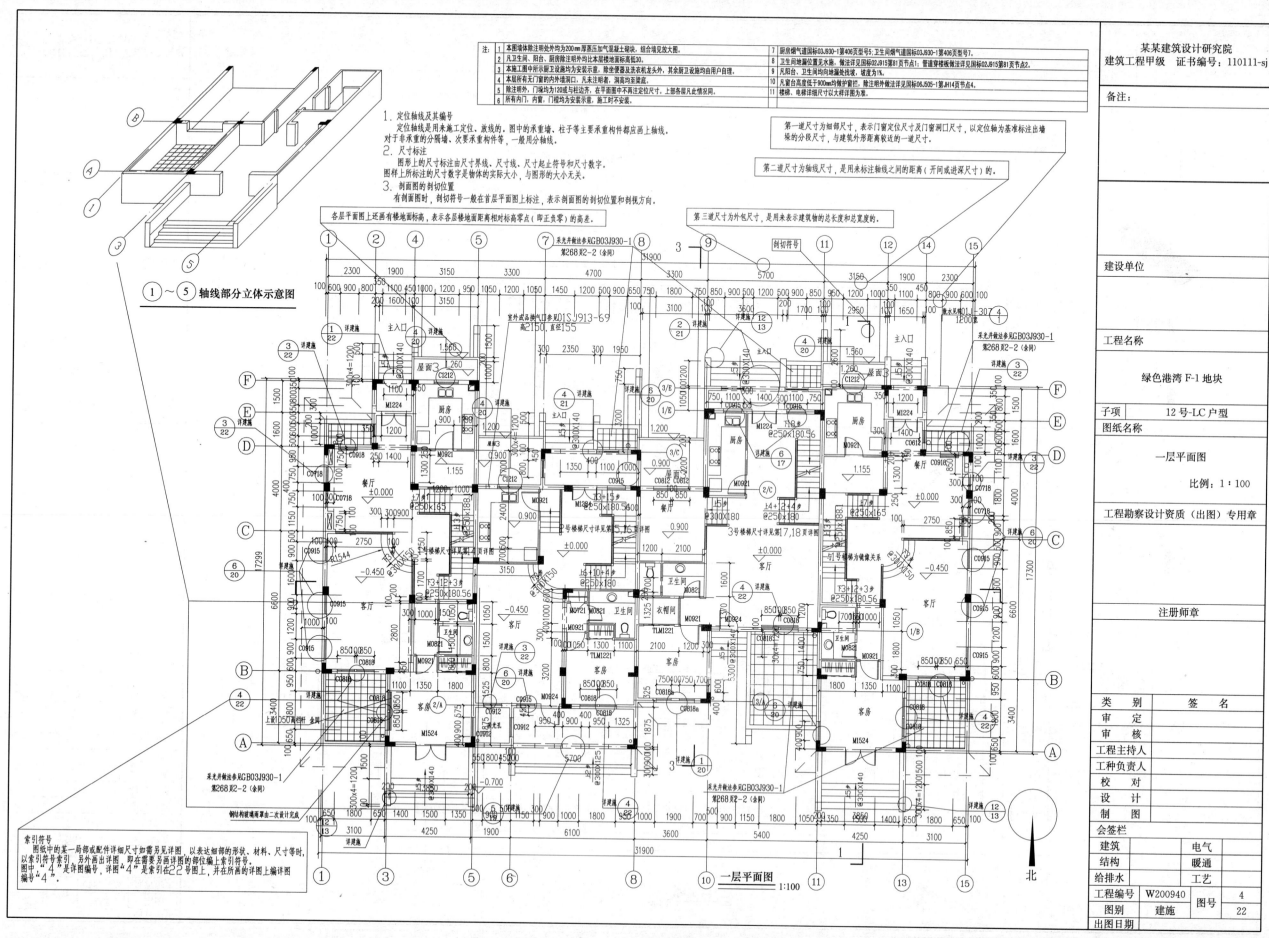

一层平面图 1:100

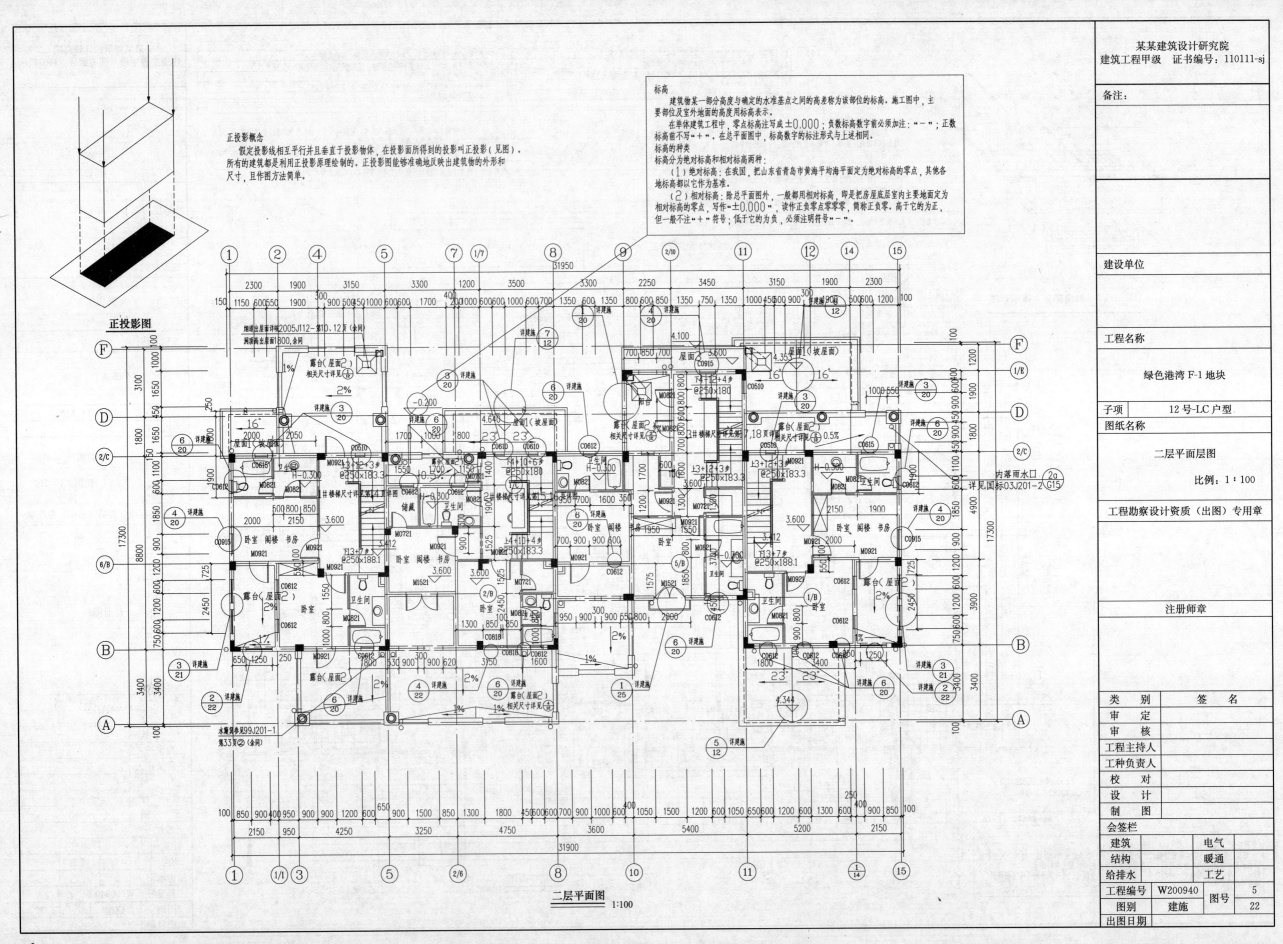

二层平面图　1:100

6

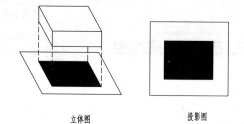

1. 一面投影
   物体投影到一个面上的投影，称为一面投影。一面投影只能反映物体的某个侧面，所以单凭一面投影是不能确定形体的形状和大小的（见图）。
2. 两面投影
   物体的投影在两个互相垂直的投影面上，称为两面投影，如图。两面投影可以确定出简单形体的空间形状和大小，但对于比较复杂的形体还不行，还必须做出三面投影才能确定它的形状和尺寸。

立体图　　投影图

木块一面投影图

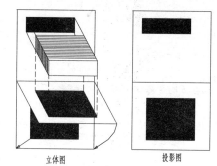

立体图　　投影图

木块两面投影图

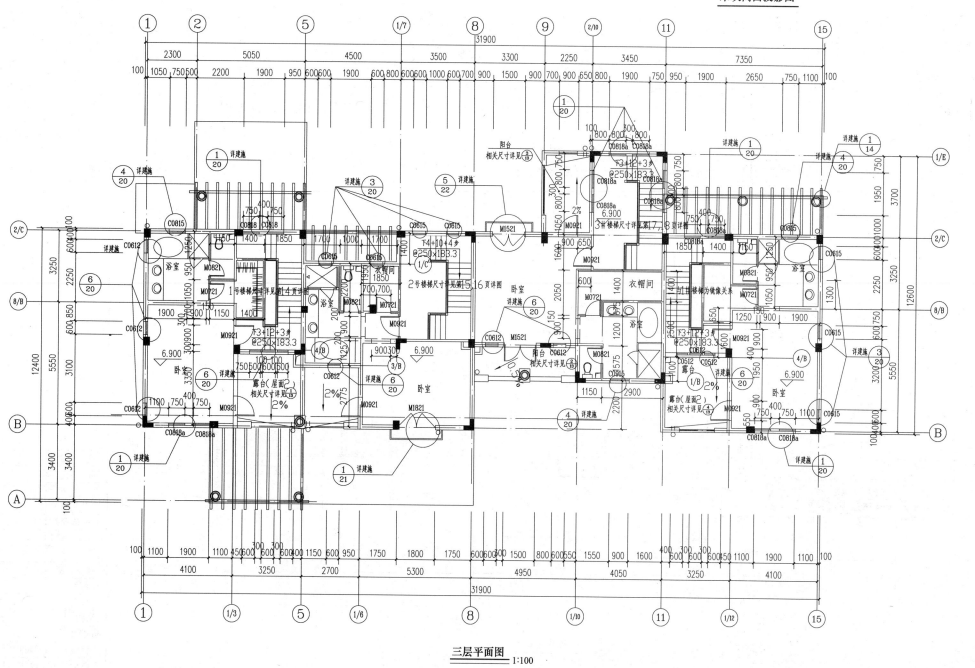

三层平面图 —— 1:100

某某建筑设计研究院
建筑工程甲级　证书编号：110111-sj

备注：

建设单位

工程名称

绿色港湾 F-1 地块

子项　12号-LC户型

图纸名称

三层平面图

比例：1：100

工程勘察设计资质（出图）专用章

注册师章

类　别	签　名		
审　定			
审　核			
工程主持人			
工种负责人			
校　对			
设　计			
制　图			

会签栏

建筑		电气	
结构		暖通	
给排水		工艺	

工程编号	W200940	图号	6
图别	建施		22
出图日期			

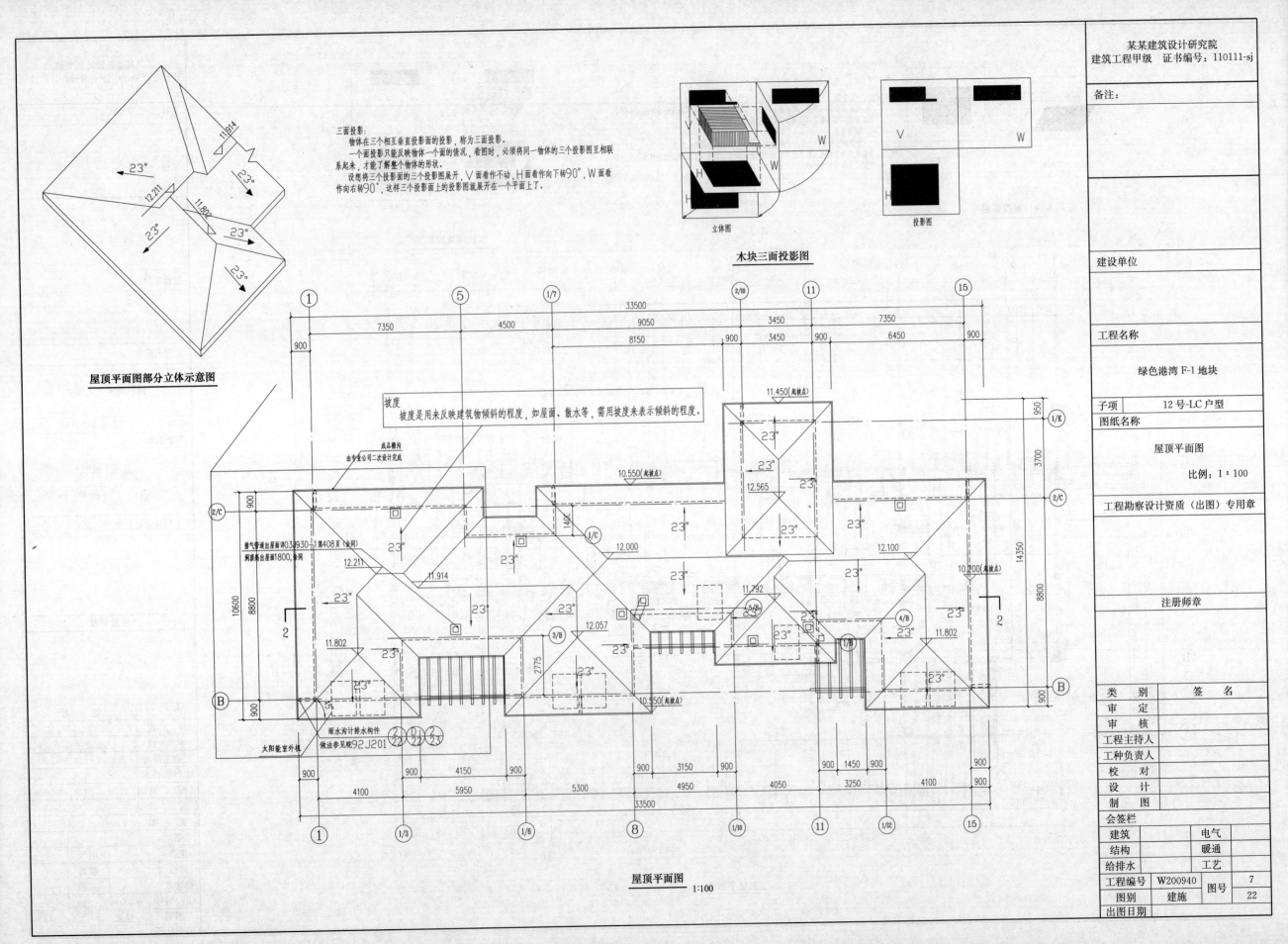

屋顶平面图部分立体示意图

三面投影：
　物体在三个相互垂直投影面上的投影，称为三面投影。
　一个面投影只能反映物体一个面的情况，看图时，必须将同一物体的三个投影图互相联系起来，才能了解整个物体的形状。
　设想将三个投影面的三个投影图展开，V面看作不动，H面看作向下转90°，W面看作向右转90°，这样三个投影面上的投影图就展开在一个平面上了。

木块三面投影图

立体图　　投影图

坡度是用来反映建筑物倾斜的程度，如屋面、散水等，需用坡度来表示倾斜的程度。

屋顶平面图
1:100

某某建筑设计研究院
建筑工程甲级　证书编号：110111-sj

备注：

建设单位

工程名称

绿色港湾 F-1 地块

子项	12 号-LC 户型

图纸名称

屋顶平面图

比例：1：100

工程勘察设计资质（出图）专用章

注册师章

类　别	签　名
审　定	
审　核	
工程主持人	
工种负责人	
校　对	
设　计	
制　图	

会签栏

建筑		电气	
结构		暖通	
给排水		工艺	

工程编号	W200940	图号	7
图别	建施		22
出图日期			

8

①～⑮立面图
部分立体示意图

①～⑮立面图
1:100

⑮～①立面图
1:100

注：具体色彩及材质以甲方最终确认产品、色板为准。

某某建筑设计研究院
建筑工程甲级　证书编号：110111-sj

备注：	

建设单位	

工程名称	

绿色港湾 F-1 地块

子项	12 号-LC 户型
图纸名称	

①～⑮立面图
⑮～①立面图
比例：1：100

工程勘察设计资质（出图）专用章

注册师章

类　别	签　名
审　定	
审　核	
工程主持人	
工种负责人	
校　对	
设　计	
制　图	

会签栏			
建筑		电气	
结构		暖通	
给排水		工艺	
工程编号	W200940	图号	8
图别	建施		22
出图日期			

9

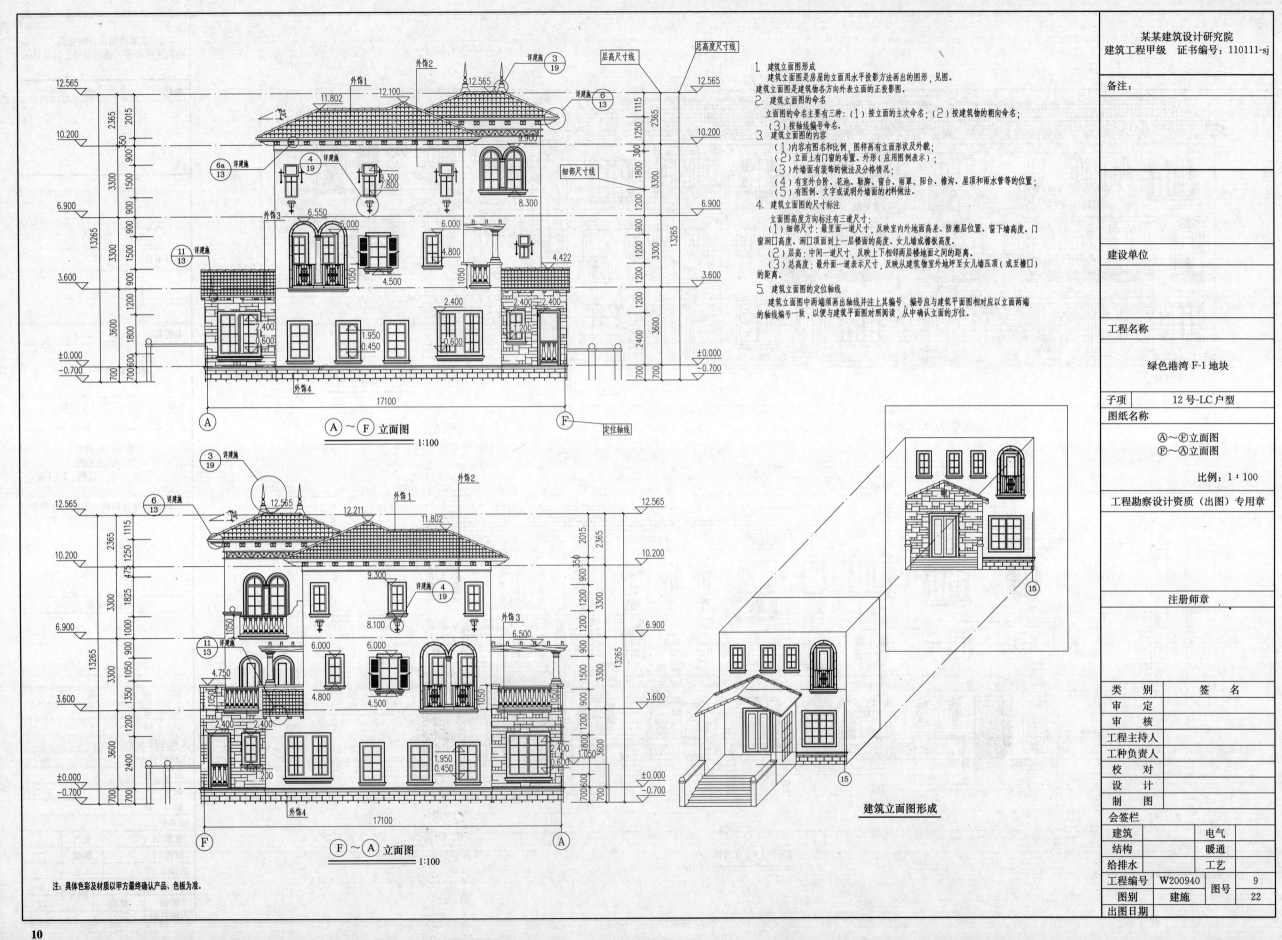

A~F 立面图 1:100

F~A 立面图 1:100

建筑立面图形成

注：具体色彩及材质以甲方最终确认产品、色板为准。

某某建筑设计研究院		
建筑工程甲级 证书编号：110111-sj		
备注：		
建设单位		
工程名称		
绿色港湾 F-1 地块		
子项	12 号-LC 户型	
图纸名称		
Ⓐ～Ⓕ 立面图 Ⓕ～Ⓐ 立面图		
比例：1：100		
工程勘察设计资质（出图）专用章		
注册师章		

类 别	签 名		
审 定			
审 核			
工程主持人			
工种负责人			
校 对			
设 计			
制 图			
会签栏			
建筑		电气	
结构		暖通	
给排水		工艺	
工程编号	W200940	图号	9
图别	建施	图号	22
出图日期			

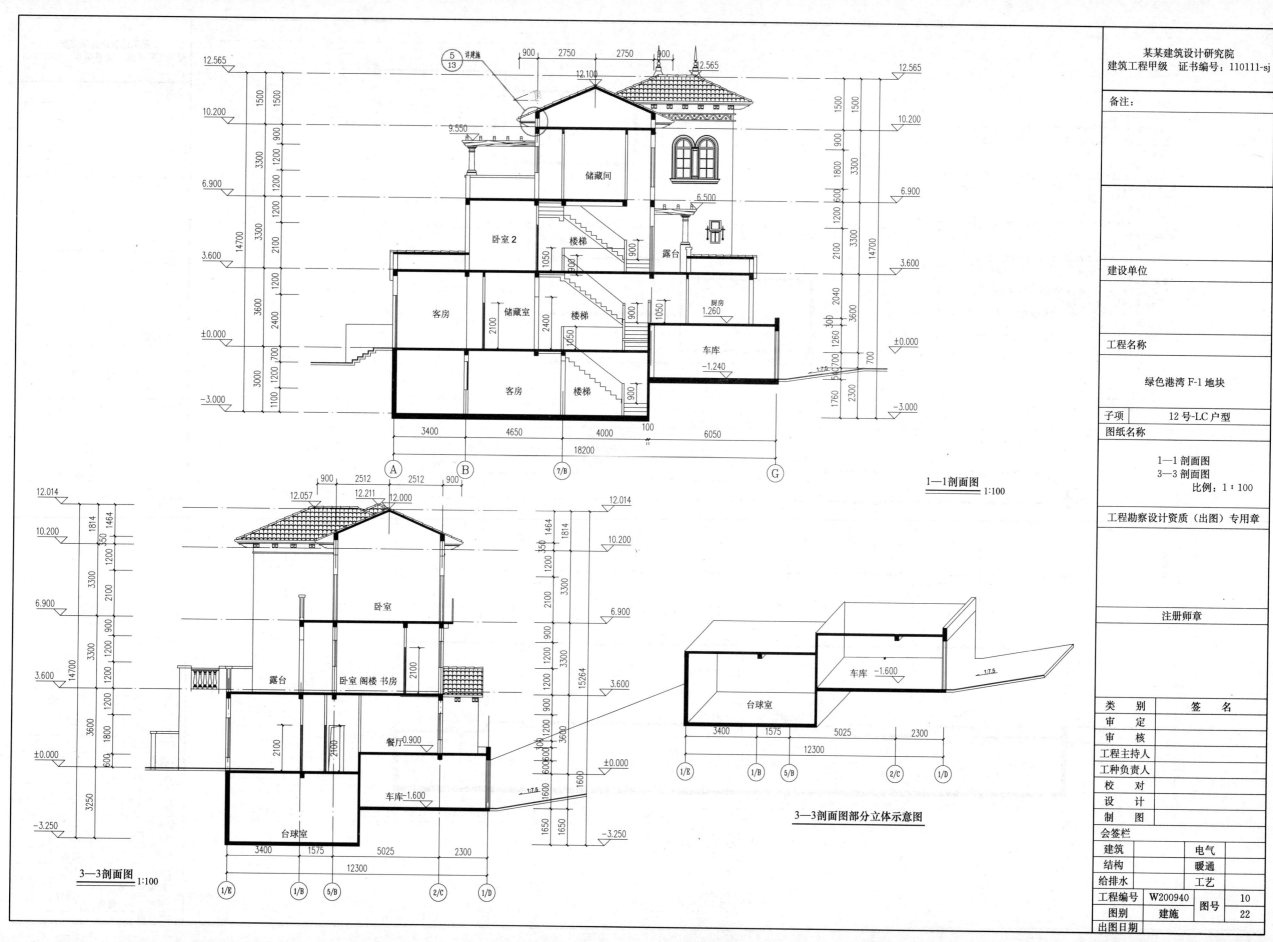

某某建筑设计研究院
建筑工程甲级 证书编号：110111-sj

备注：

建设单位

工程名称

绿色港湾 F-1 地块

| 子项 | 12号-LC 户型 |

图纸名称

1—1 剖面图
3—3 剖面图
比例：1：100

工程勘察设计资质（出图）专用章

注册师章

类　别	签　名
审　定	
审　核	
工程主持人	
工种负责人	
校　对	
设　计	
制　图	

会签栏

建筑		电气	
结构		暖通	
给排水		工艺	

工程编号	W200940	图号	10
图别	建施		22
出图日期			

储藏间
卧室2
楼梯
露台
厨房 1.260
客房
储藏室
楼梯
车库 -1.240
客房
楼梯

1—1剖面图 1：100

卧室
露台 卧室 阁楼 书房
餐厅 0.900
车库-1.600
台球室

3—3剖面图 1：100

车库 -1.600
台球室

3—3剖面图部分立体示意图

11

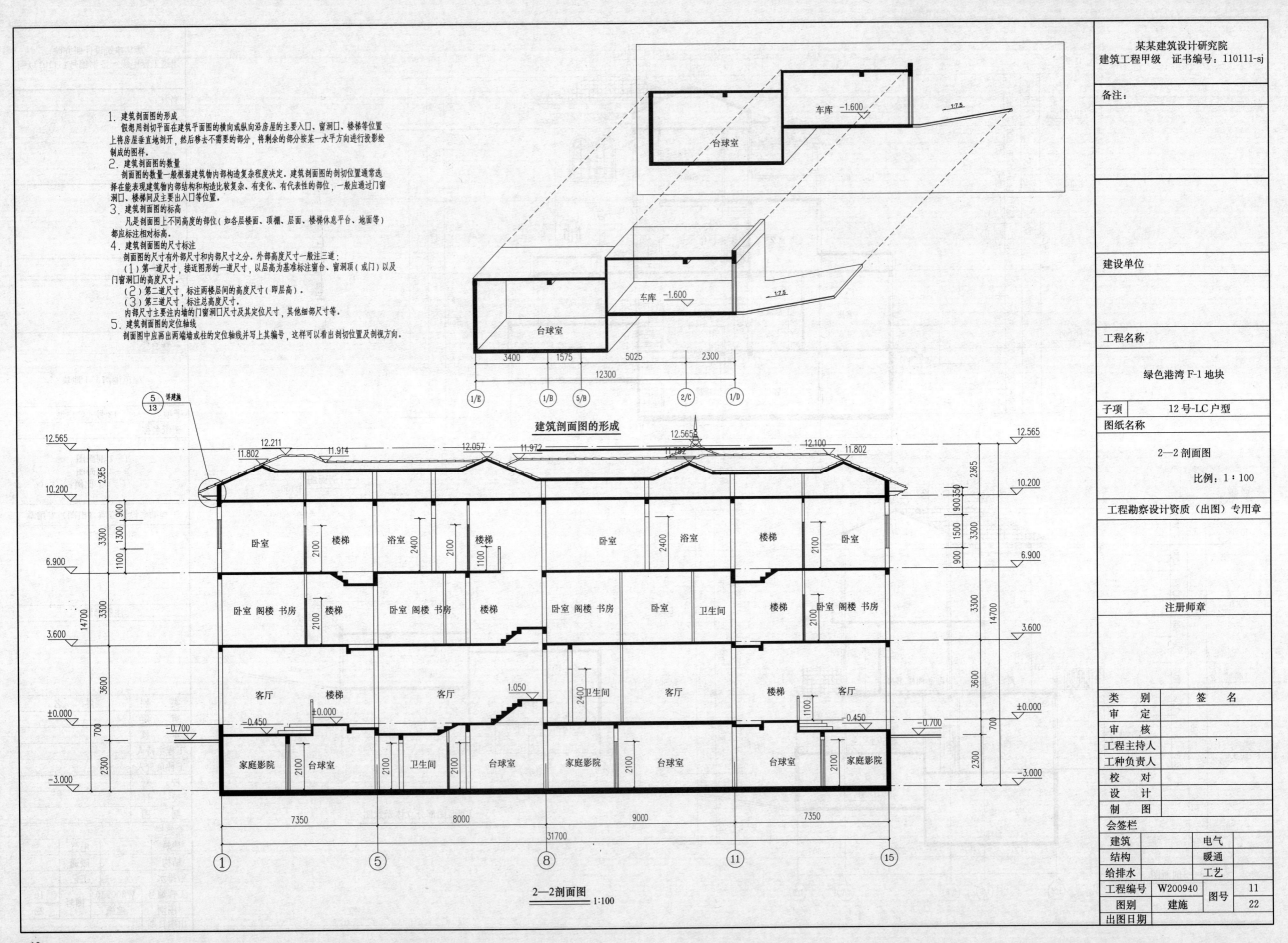

1. 建筑剖面图的形成
　　假想用剖切平面在建筑平面图的横向或纵向沿房屋的主要入口、窗洞口、楼梯等位置上将房屋垂直地剖开，然后移去不需要的部分，将剩余的部分按某一水平方向进行投影绘制成的图样。
2. 建筑剖面图的数量
　　剖面图的数量一般根据建筑物内部构造复杂程度决定。建筑剖面图的剖切位置通常选择在能表现建筑物内部结构和构造比较复杂、有变化、有代表性的部位，一般应通过门窗洞口、楼梯间及主要出入口等位置。
3. 建筑剖面图的标高
　　凡是剖面图上不同高度的部位（如各层楼面、顶棚、层面、楼梯休息平台、地面等）都应标注相对标高。
4. 建筑剖面图的尺寸标注
　　剖面图的尺寸有外部尺寸和内部尺寸之分。外部高度尺寸一般注三道：
　　（1）第一道尺寸，接近图形的一道尺寸，以层高为基准标注窗台、窗洞顶（或门）以及门窗洞口的高度尺寸。
　　（2）第二道尺寸，标注两楼层间的高度尺寸（即层高）。
　　（3）第三道尺寸，标注总高度尺寸。
　　内部尺寸主要注内墙的门窗洞口尺寸及其定位尺寸，其他细部尺寸等。
5. 建筑剖面图的定位轴线。
　　剖面图中应画出两端墙或柱的定位轴线并写上其编号，这样可以看出剖切位置及剖视方向。

建筑剖面图的形成

2—2剖面图

1:100

某某建筑设计研究院
建筑工程甲级　证书编号：110111-sj

备注：

建设单位

工程名称

绿色港湾 F-1 地块

子项　12号-LC户型
图纸名称

2—2剖面图

比例：1：100

工程勘察设计资质（出图）专用章

注册师章

类　别	签　名
审　定	
审　核	
工程主持人	
工种负责人	
校　对	
设　计	
制　图	

会签栏

建筑		电气	
结构		暖通	
给排水		工艺	

工程编号	W200940	图号	11
图别	建施		22
出图日期			

12

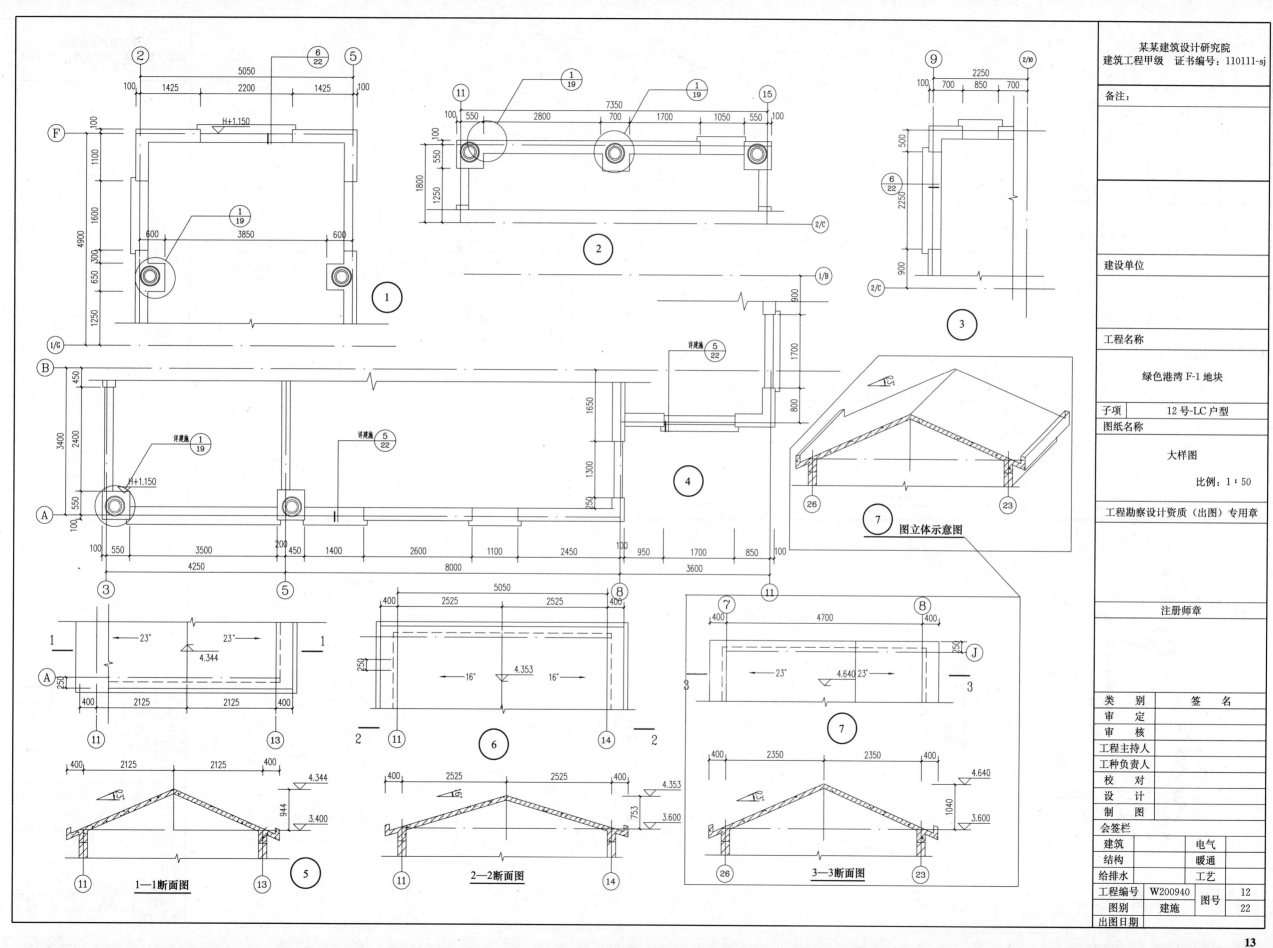

某某建筑设计研究院
建筑工程甲级 证书编号：110111-sj

备注：

建设单位

工程名称

绿色港湾 F-1 地块

| 子项 | 12 号-LC 户型 |

图纸名称

大样图

比例：1：50

工程勘察设计资质（出图）专用章

注册师章

类　别	签　名
审　定	
审　核	
工程主持人	
工种负责人	
校　对	
设　计	
制　图	
会签栏	

建筑		电气	
结构		暖通	
给排水		工艺	

工程编号	W200940	图号	12
图别	建施		22
出图日期			

H+1.150

详建施

图立体示意图

1—1断面图
2—2断面图
3—3断面图

13

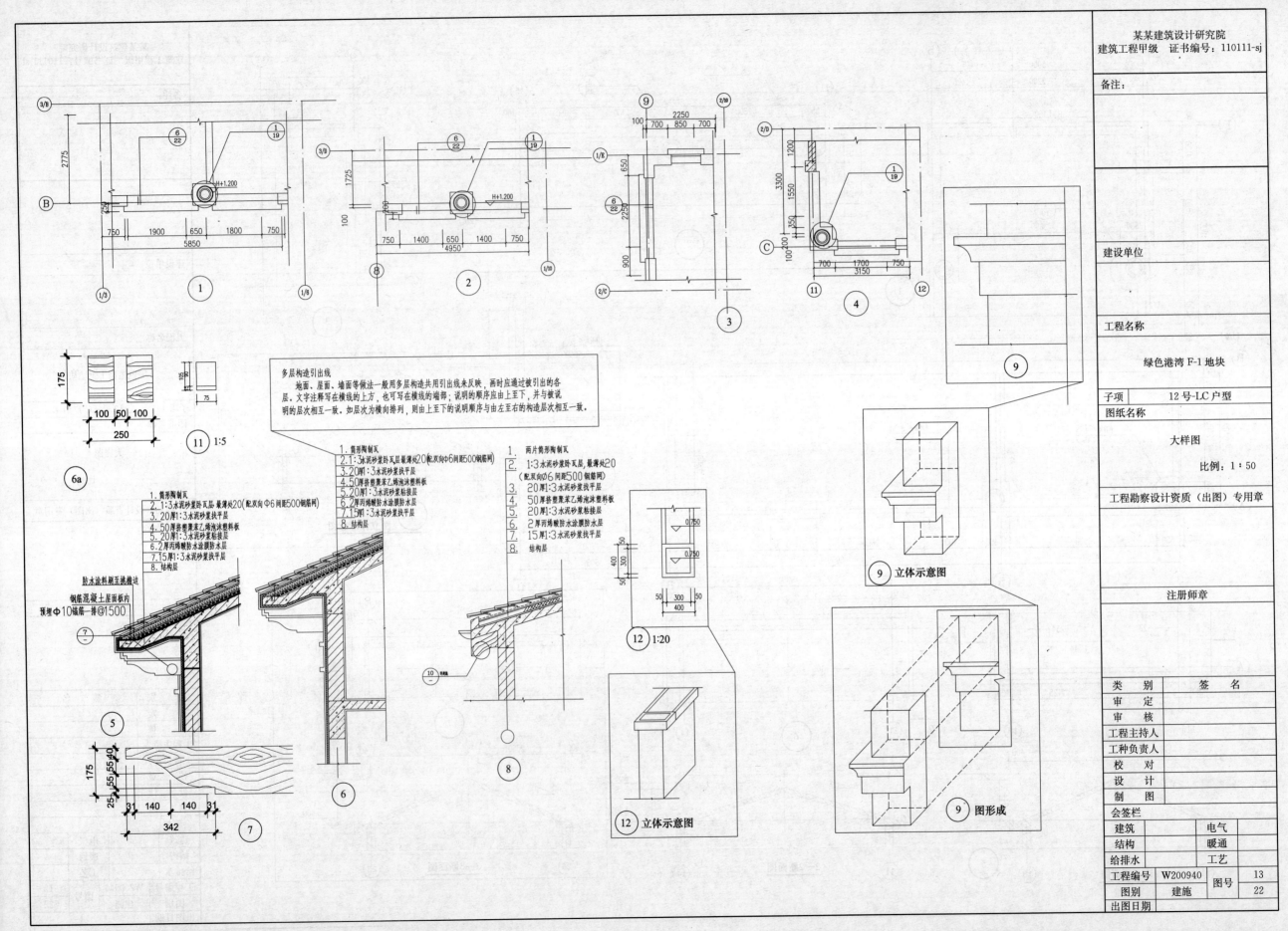

备注：

建设单位

工程名称

绿色港湾 F-1 地块

子项	12 号-LC 户型

图纸名称

大样图

比例：1：50

工程勘察设计资质（出图）专用章

注册师章

类 别	签 名		
审 定			
审 核			
工程主持人			
工种负责人			
校 对			
设 计			
制 图			
会签栏			
建筑		电气	
结构		暖通	
给排水		工艺	
工程编号	W200940	图号	13
图别	建施		22
出图日期			

多层构造引线

地面、屋面、墙面等做法一般用多层构造共用引出线来反映，画时应通过被引出的各层。文字注释写在横线的上方，也可写在横线的端部；说明的顺序应由上至下，并与被说明的层次相互一致。如层次为横向排列，则由上至下的说明顺序与由左至右的构造层次相互一致。

1. 筒形陶制瓦
2.1：3水泥砂浆卧瓦层 最薄处20（配双向Φ6间距500钢筋网）
3. 20厚1：3水泥砂浆找平层
4. 50厚挤塑聚苯乙烯泡沫塑料板
5. 20厚1：3水泥砂浆粘接层
6.2厚丙烯酸防水涂膜防水层
7.15厚1：3水泥砂浆找平层
8. 结构层

1. 筒形陶制瓦
2.1：3水泥砂浆卧瓦层 最薄处20（配双向Φ6间距500钢筋网）
3. 20厚1：3水泥砂浆找平层
4. 50厚挤塑聚苯乙烯泡沫塑料板
5. 20厚1：3水泥砂浆粘接层
6.2厚丙烯酸防水涂膜防水层
7.15厚1：3水泥砂浆找平层
8. 结构层

两片筒形陶制瓦
1.1：3水泥砂浆卧瓦层，最薄处20（配双向Φ6间距500钢筋网）
3. 20厚1：3水泥砂浆找平层
5. 50厚挤塑聚苯乙烯泡沫塑料板
5. 20厚1：3水泥砂浆粘接层
7. 2厚丙烯酸防水涂膜防水层
7. 15厚1：3水泥砂浆找平层
8. 结构层

防水涂料刷至挑檐边
钢筋混凝土屋面板内
预埋Φ10锚筋一排@1500

⑨ 立体示意图

⑫ 立体示意图

⑨ 图形成

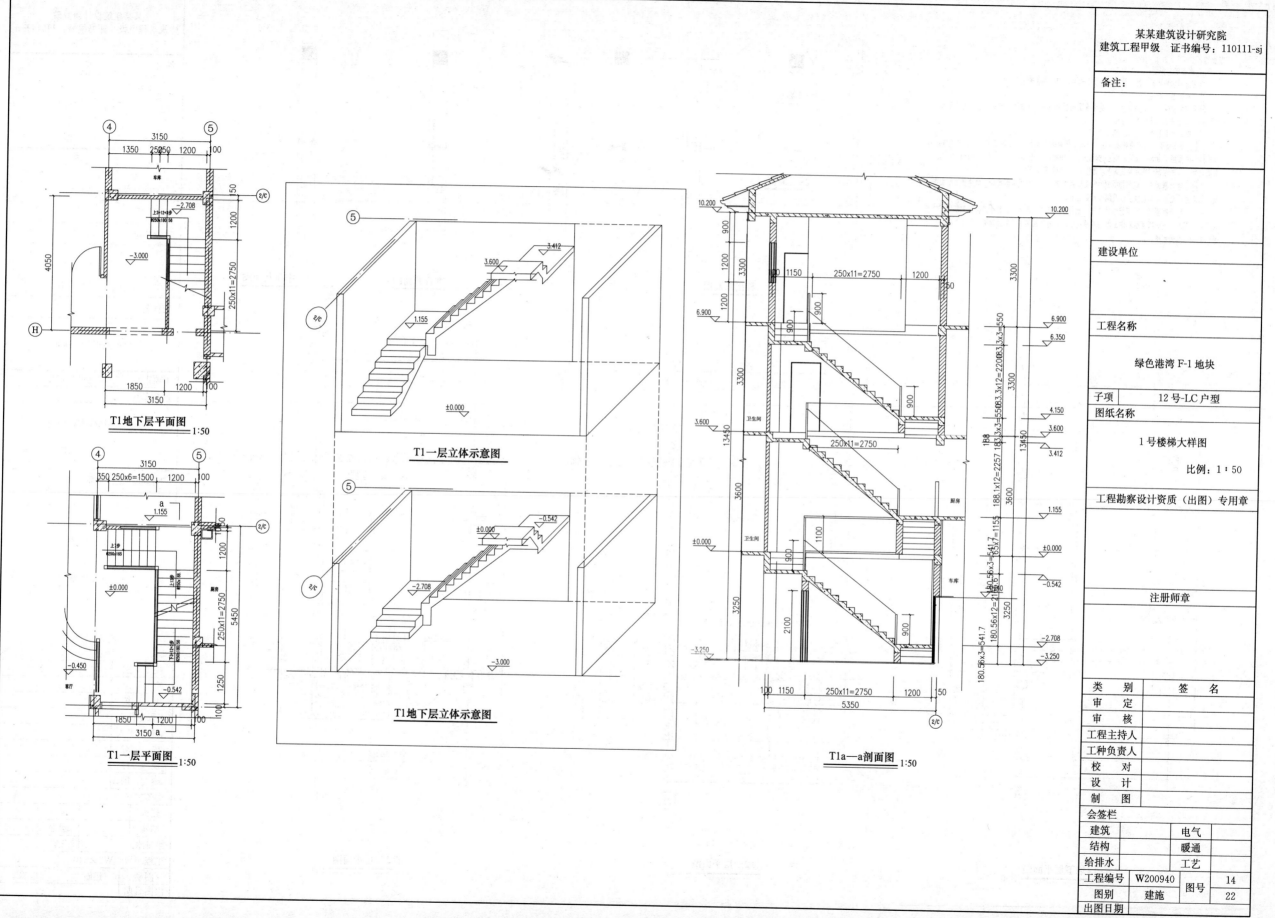

T1地下层平面图 1:50

T1一层立体示意图

T1地下层立体示意图

T1一层平面图 1:50

T1a—a剖面图 1:50

某某建筑设计研究院
建筑工程甲级 证书编号：110111-sj

备注：

建设单位

工程名称

绿色港湾 F-1 地块

子项 12 号-LC 户型

图纸名称

1 号楼梯大样图

比例：1：50

工程勘察设计资质（出图）专用章

注册师章

类 别	签 名
审 定	
审 核	
工程主持人	
工种负责人	
校 对	
设 计	
制 图	

会签栏
建筑		电气	
结构		暖通	
给排水		工艺	

工程编号	W200940	图号	14
图别	建施		22
出图日期			

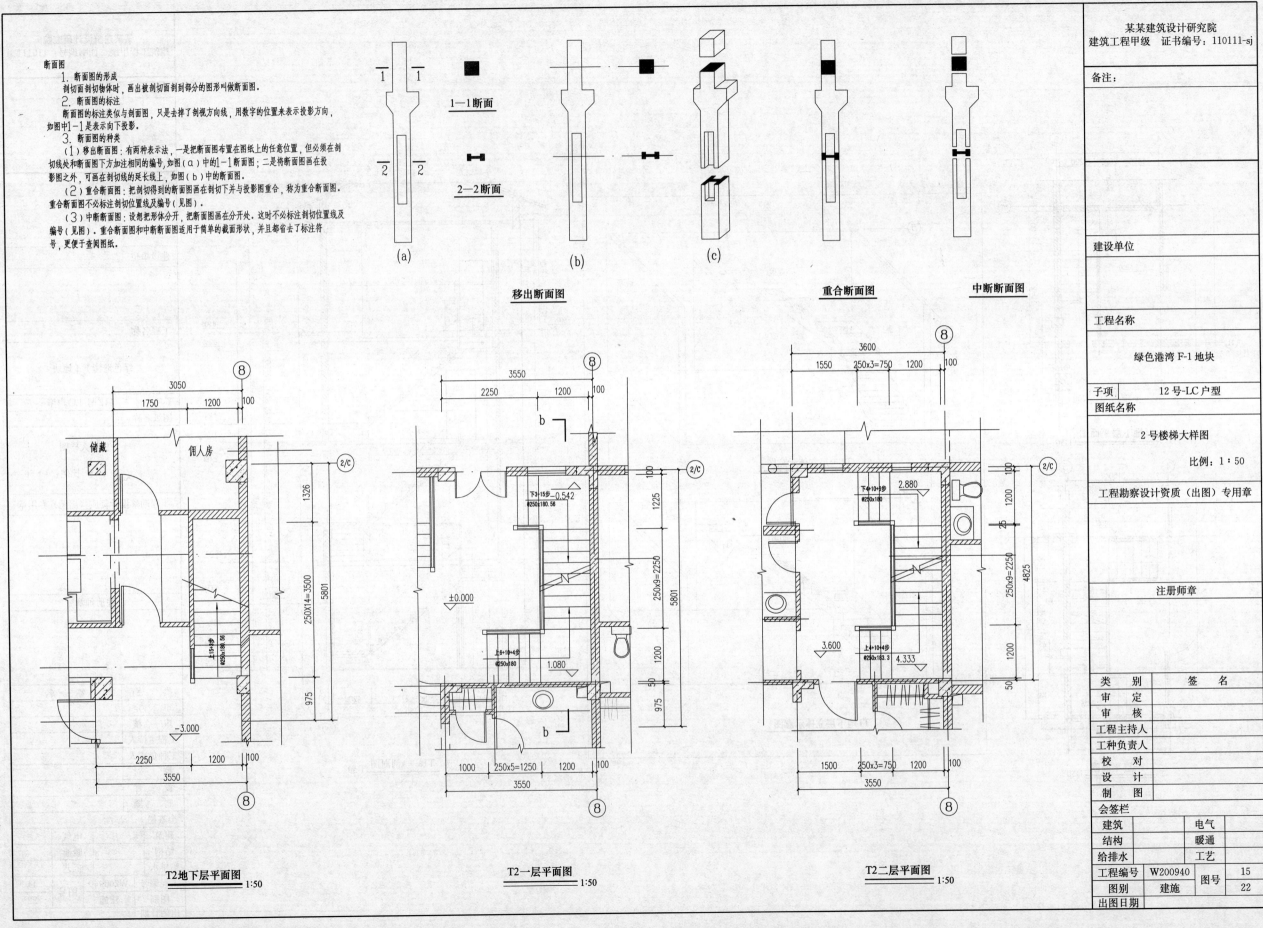

断面图

1. 断面图的形成
剖切面剖切物体时，画出被剖切面剖到部分的图形叫做断面图。

2. 断面图的标注
断面图的标注类似与剖视图，只是去掉了剖视方向线，用数字的位置来表示投影方向，如图中1—1表示向下投影。

3. 断面图的种类
（1）移出断面图：有两种表示法，一是把断面图布置在图纸上的任意位置，但必须在剖切处和断面图下方加注相同的编号，如图（a）中的1—1断面图；二是将断面图画在投影图之外，可画在剖切线的延长线上，如图（b）中的断面图。
（2）重合断面图：把剖切得到的断面图画在剖切下并与投影图重合，称为重合断面图。重合断面图不必标注剖切位置线及编号（见图）。
（3）中断断面图：设想把形体分开，把断面图画在分开处。这时不必标注剖切位置线及编号（见图）。重合断面图和中断断面图适用于简单的截面形状，并且都省去了标注符号，更便于查阅图纸。

(a)　(b)　(c)

1—1断面

2—2断面

移出断面图　　　　重合断面图　　中断断面图

储藏　　佣人房

T2地下层平面图 1:50

T2一层平面图 1:50

T2二层平面图 1:50

某某建筑设计研究院
建筑工程甲级　证书编号：110111-sj

备注：

建设单位

工程名称

绿色港湾 F-1 地块

子项　12 号-LC 户型

图纸名称

2 号楼梯大样图

比例：1：50

工程勘察设计资质（出图）专用章

注册师章

类　别	签　名	
审　定		
审　核		
工程主持人		
工种负责人		
校　对		
设　计		
制　图		

会签栏

建筑		电气	
结构		暖通	
给排水		工艺	

工程编号	W200940	图号	15
图别	建施		22
出图日期			

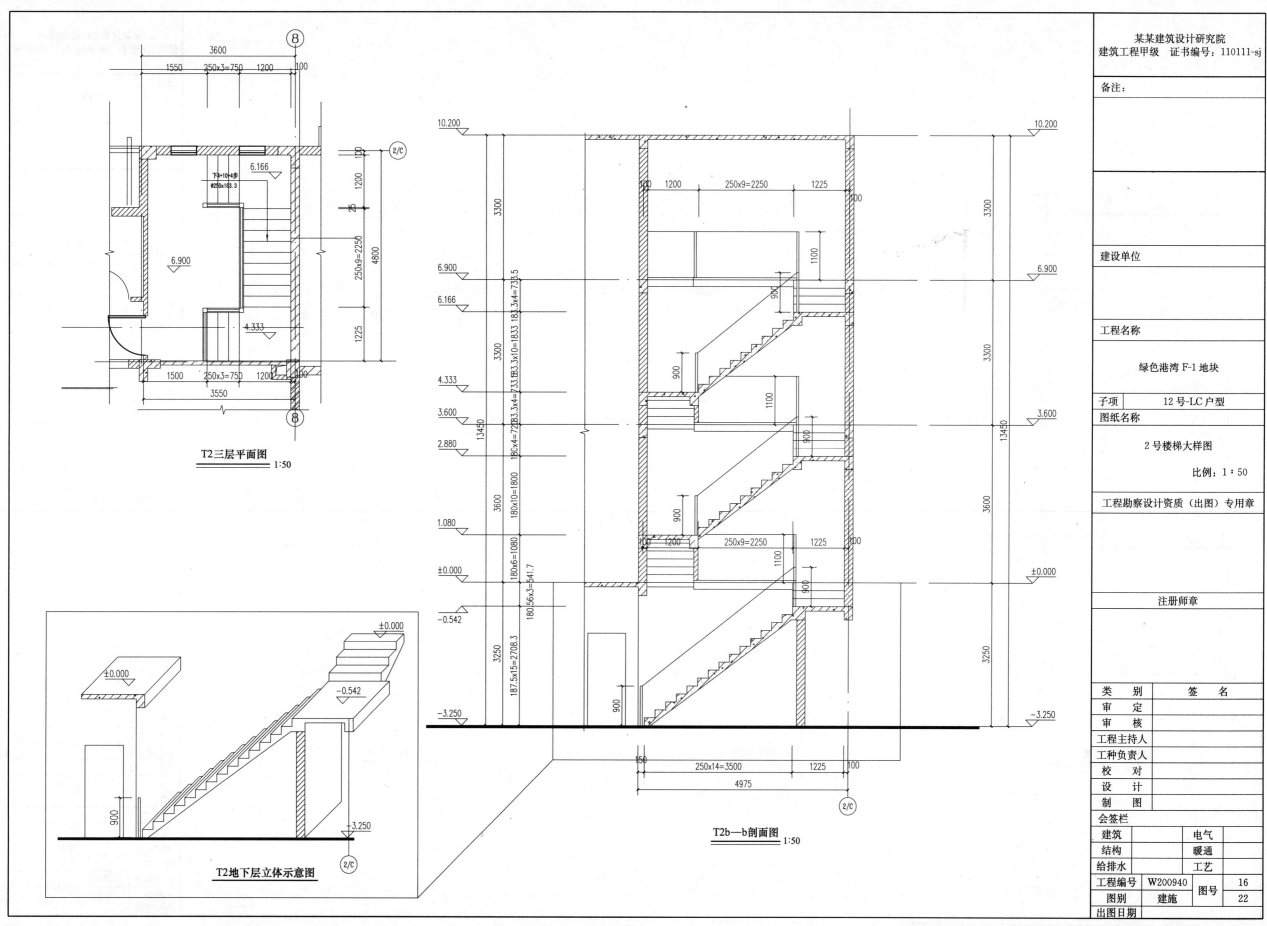

T2三层平面图 1:50

T2b—b剖面图 1:50

T2地下层立体示意图

某某建筑设计研究院	
建筑工程甲级　证书编号：110111-sj	

备注：

建设单位

工程名称

绿色港湾 F-1 地块

子项	12 号-LC 户型
图纸名称	

2 号楼梯大样图

比例：1：50

工程勘察设计资质（出图）专用章

注册师章

类　别	签　名
审　定	
审　核	
工程主持人	
工种负责人	
校　对	
设　计	
制　图	
会签栏	

建筑		电气	
结构		暖通	
给排水		工艺	

工程编号	W200940	图号	16
图别	建施		22
出图日期			

17

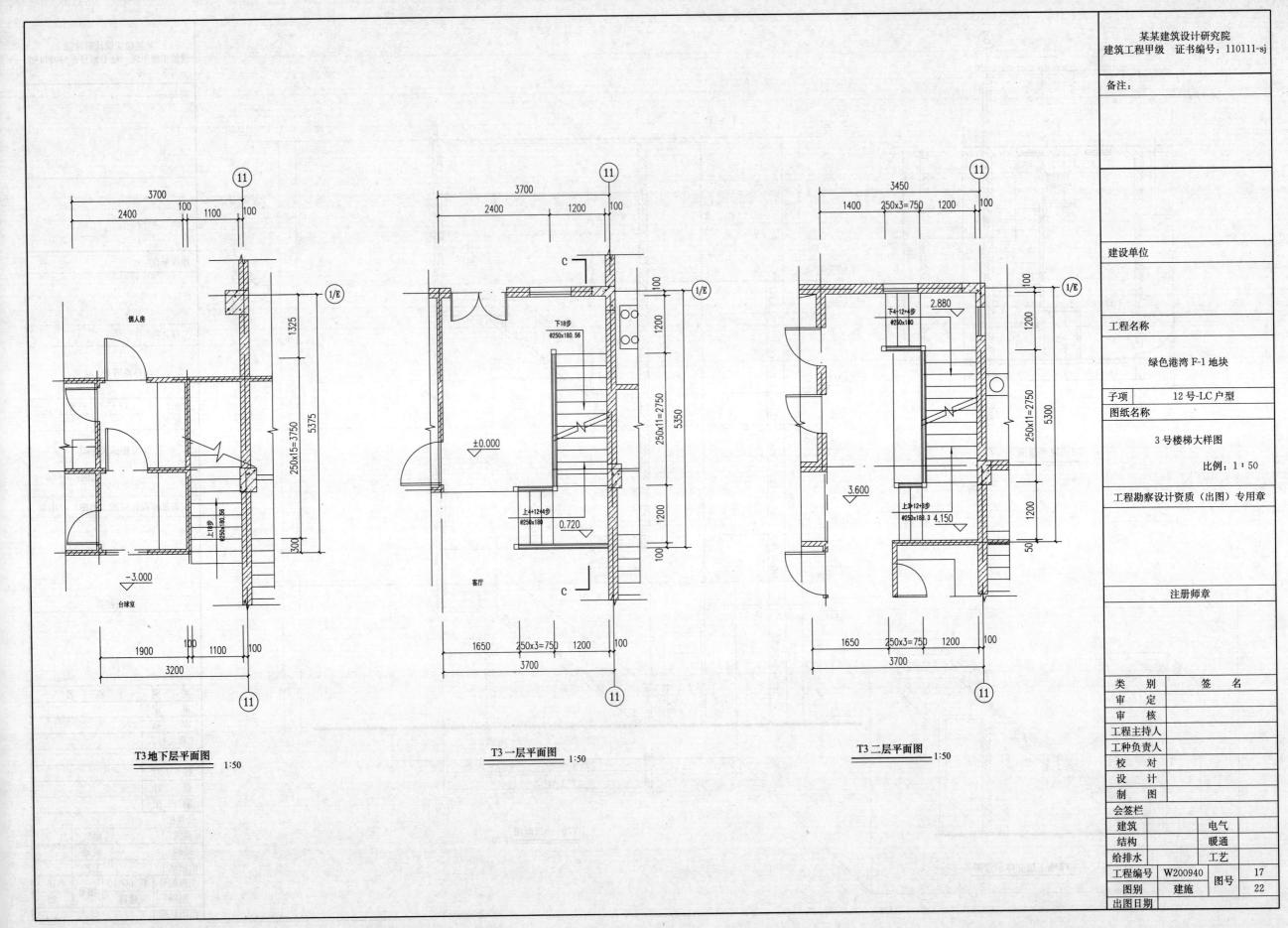

T3 地下层平面图 —— 1:50

T3 一层平面图 —— 1:50

T3 二层平面图 —— 1:50

佣人房

绿色港湾 F-1 地块

台球室

-3.000

上18步
@250x180.56

3700
2400　　100　1100　100

1325

250x15=3750　5375

300

1900　100　1100　100
3200

11

下18步
@250x180.56

±0.000

客厅

0.720

上4+12+4步
@250x180

3700
2400　　1200　100

100

250x11=2750　5350

1200

1650　250x3=750　1200　100
3700

11

C

C

1/E

2.880

3.600

4.150

下4+12+4步
@250x180

上3+12+0步
@250x180.3

3450
1400　250x3=750　1200　100

1200

250x11=2750　5300

1200

50

1650　250x3=750　1200　100
3700

11

1/E

某某建筑设计研究院
建筑工程甲级　证书编号：110111-sj

备注：

建设单位

工程名称

绿色港湾 F-1 地块

| 子项 | 12 号-LC 户型 |

图纸名称

3 号楼梯大样图

比例：1：50

工程勘察设计资质（出图）专用章

注册师章

类　别	签　名
审　定	
审　核	
工程主持人	
工种负责人	
校　对	
设　计	
制　图	

会签栏

建筑		电气	
结构		暖通	
给排水		工艺	

工程编号	W200940	图号	17
图别	建施		22
出图日期			

18

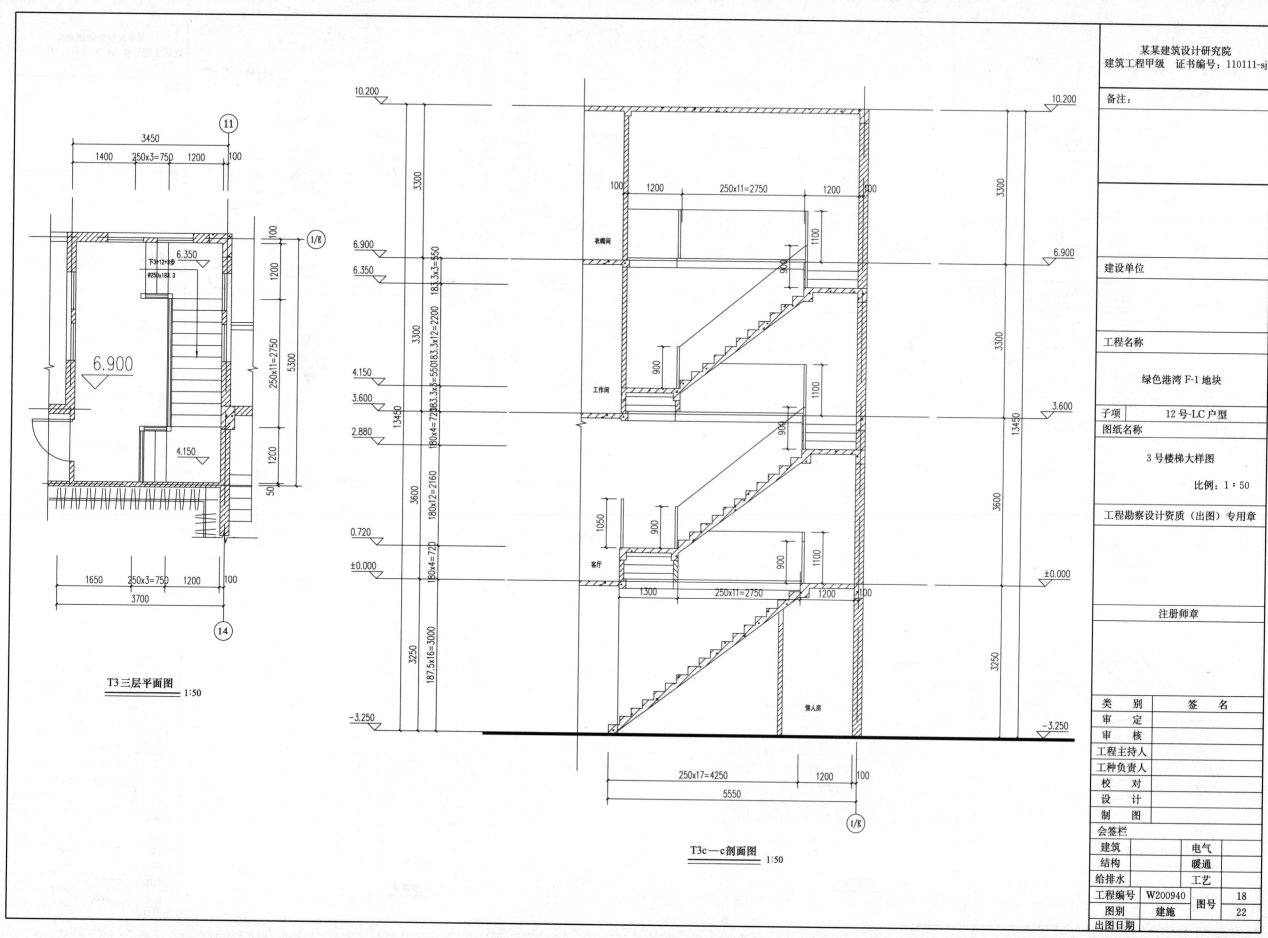

T3 三层平面图 1:50

T3c—c剖面图 1:50

某某建筑设计研究院
建筑工程甲级 证书编号：110111-sj

备注：	

建设单位

工程名称

绿色港湾 F-1 地块

子项	12 号-LC 户型

图纸名称

3 号楼梯大样图

比例：1：50

工程勘察设计资质（出图）专用章

注册师章

类　别	签　名
审　定	
审　核	
工程主持人	
工种负责人	
校　对	
设　计	
制　图	

会签栏

建筑		电气	
结构		暖通	
给排水		工艺	

工程编号	W200940	图号	18
图别	建施		22
出图日期			

19

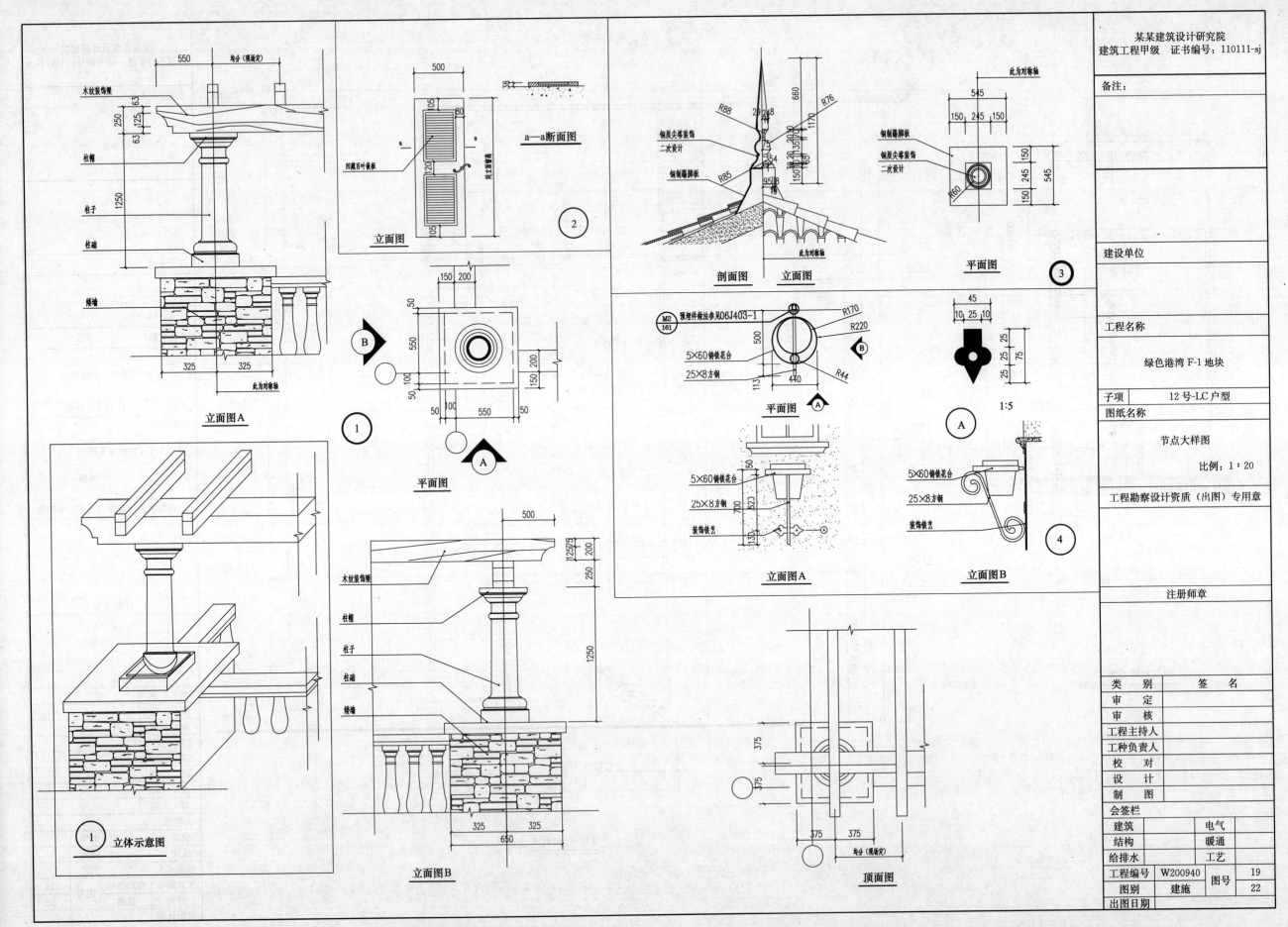

图面文字

某某建筑设计研究院
建筑工程甲级 证书编号：110111-sj

备注：

建设单位

工程名称

绿色港湾 F-1 地块

子项　12号-LC户型

图纸名称

节点大样图

比例：1：20

工程勘察设计资质（出图）专用章

注册师章

类别	签名		
审定			
审核			
工程主持人			
工种负责人			
校对			
设计			
制图			
会签栏			
建筑		电气	
结构		暖通	
给排水		工艺	
工程编号	W200940	图号	19
图别	建施		22
出图日期			

图内标注

550　均分（现场定）

木纹装饰梁
柱帽
柱子
柱础
矮墙
325　325
此为对称轴
立面图A

250 125 63 63
1250

500
50
回藏百叶装饰板
立面图
a—a断面图
②

150 200
550
50 100
50 100
550
150 200
平面图
①
B　A

R88 29 248
R76 660 1170
钢质尖塔装饰 二次设计
铜制踢脚板
R85
钢质尖塔装饰 二次设计
剖面图　立面图
③

此为对称轴
545
150 245 150
150 245 545 150
铜制踢脚板
钢质尖塔装饰 二次设计
R60
平面图

立体示意图①

木纹装饰梁
柱帽
柱子
柱础
矮墙
325　325
650
立面图B

M2 161 预埋件做法参见06J403-1
R170 R220
5×60铸铁花台
25×8方钢
R44
500 113 440
平面图　A　B

45
10 25 10
25 25 25 75
A
1:5

50
5×60铸铁花台
25×8方钢
700 522
130
装饰铁艺
立面图A

5×60铸铁花台
25×8方钢
装饰铁艺
立面图B
④

125 75 200
250
1250

375
375 375
375 375
均分（现场定）
顶面图

20

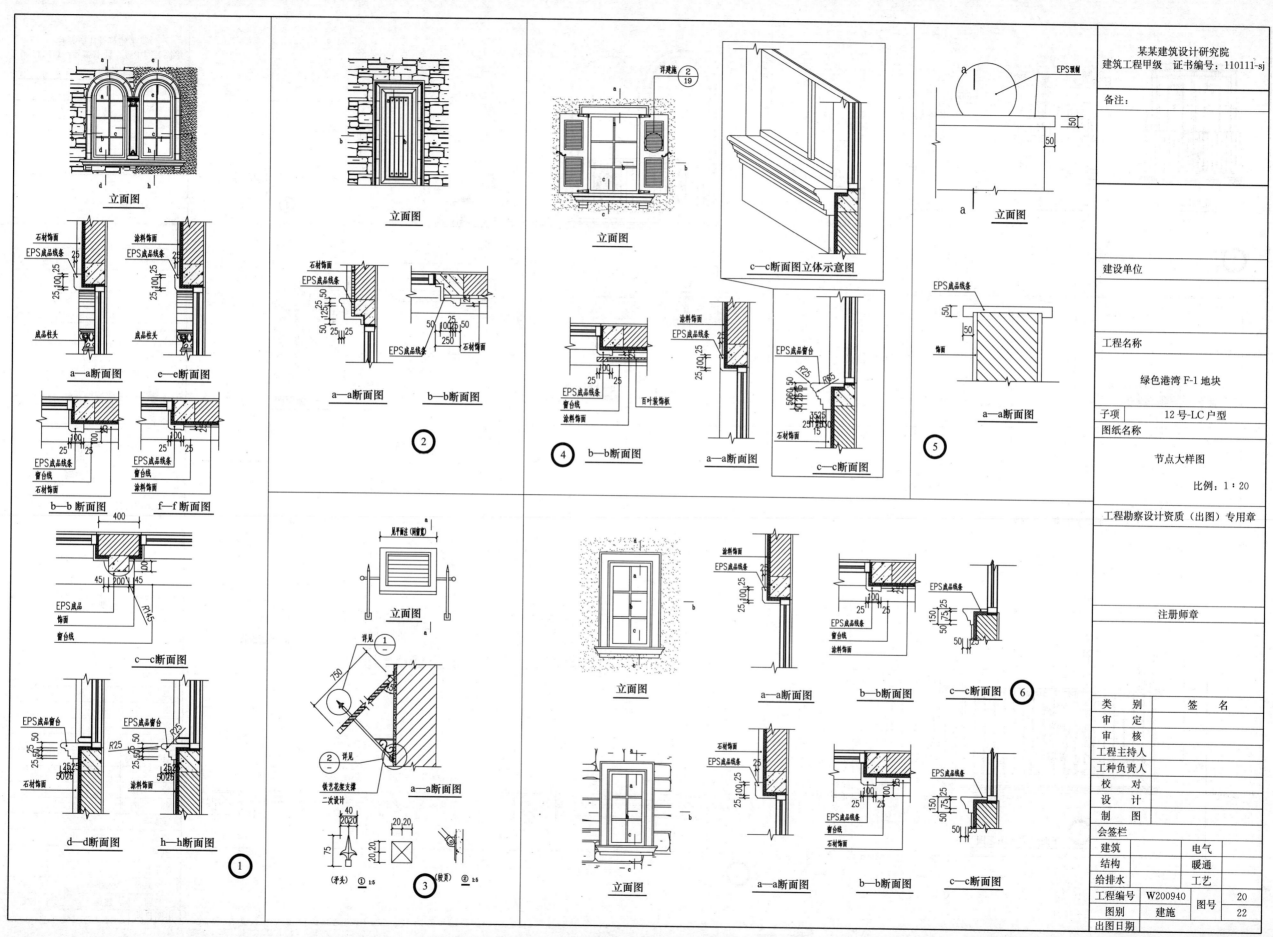

立面图

石材饰面
EPS成品线条
成品柱头
a—a断面图

涂料饰面
EPS成品线条
成品柱头
e—e断面图

EPS成品线条
窗台线
石材饰面
b—b断面图

EPS成品线条
窗台线
涂料饰面
f—f断面图

EPS成品
饰面
窗台线
c—c断面图

EPS成品窗台
石材饰面
d—d断面图

EPS成品窗台
涂料饰面
h—h断面图

①

立面图

石材饰面
EPS成品线条
a—a断面图

EPS成品线条
石材饰面
b—b断面图

②

见平面注（详窗宽）
立面图

详见 ①
详见 ②
铁艺花架支撑
二次设计
a—a断面图

（矛头）① 1:5
（绞页）② 1:5

③

立面图

c—c断面图立体示意图

EPS成品线条
窗台线
涂料饰面
百叶装饰板
b—b断面图

涂料饰面
EPS成品线条
a—a断面图

EPS成品窗台
石材饰面
c—c断面图

④

立面图

EPS预制
立面图

EPS成品线条
饰面
a—a断面图

⑤

立面图

涂料饰面
EPS成品线条
a—a断面图

EPS成品线条
b—b断面图

c—c断面图

立面图

涂料饰面
EPS成品线条
a—a断面图

EPS成品线条
窗台线
石材饰面
b—b断面图

EPS成品线条
c—c断面图

⑥

某某建筑设计研究院
建筑工程甲级　证书编号：110111-sj

备注：

建设单位

工程名称

绿色港湾 F-1 地块

子项　12 号-LC 户型

图纸名称

节点大样图

比例：1：20

工程勘察设计资质（出图）专用章

注册师章

类　别	签　名
审　定	
审　核	
工程主持人	
工种负责人	
校　对	
设　计	
制　图	

会签栏

建筑		电气	
结构		暖通	
给排水		工艺	

工程编号	W200940	图号	20
图别	建施		22
出图日期			

21

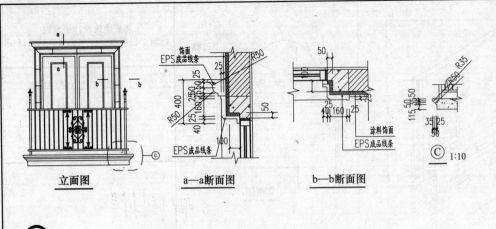

立面图　　　a—a断面图　　　b—b断面图

① 1:10

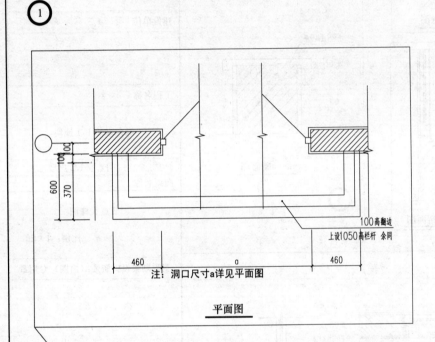

注：洞口尺寸a详见平面图

平面图

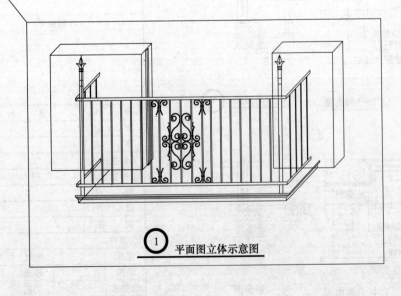

① 平面图立体示意图

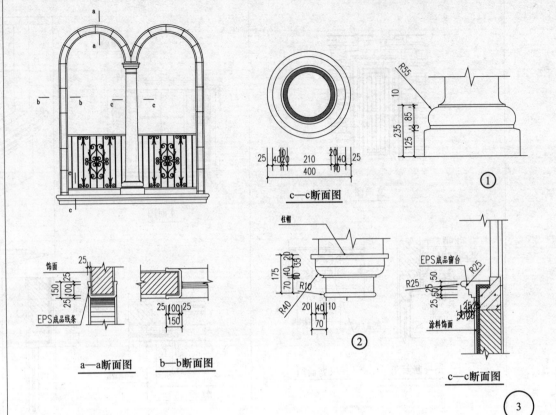

c—c断面图

①

a—a断面图　　　b—b断面图

②

c—c断面图

③

①

a—a断面图

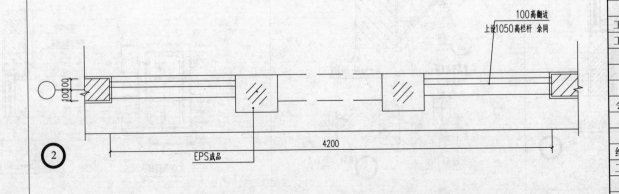

②

某某建筑设计研究院
建筑工程甲级　证书编号：110111-sj

备注：

建设单位

工程名称

绿色港湾 F-1 地块

子项	12 号-LC 户型

图纸名称

节点大样图

比例：1：20

工程勘察设计资质（出图）专用章

注册师章

类 别	签 名
审 定	
审 核	
工程主持人	
工种负责人	
校 对	
设 计	
制 图	

会签栏

建筑	电气
结构	暖通
给排水	工艺

工程编号	W200940	图号	21
图别	建施		22
出图日期			

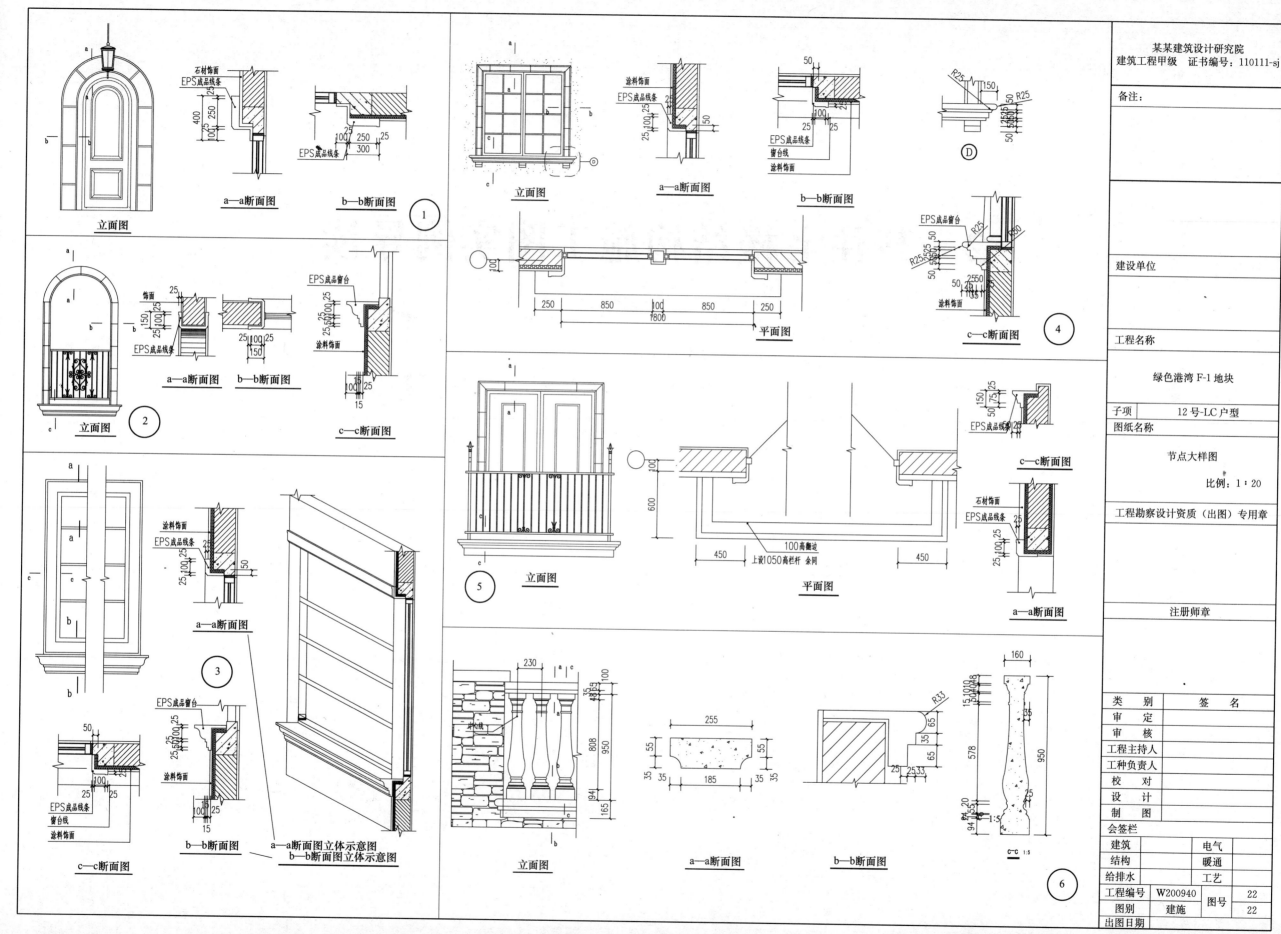

某某建筑设计研究院
建筑工程甲级　证书编号：110111-sj

备注：

建设单位

工程名称

绿色港湾 F-1 地块

子项　12 号-LC 户型

图纸名称

节点大样图

比例：1：20

工程勘察设计资质（出图）专用章

注册师章

类　别	签　名		
审　定			
审　核			
工程主持人			
工种负责人			
校　对			
设　计			
制　图			
会签栏			
建筑		电气	
结构		暖通	
给排水		工艺	
工程编号	W200940	图号	22
图别	建施		22
出图日期			

立面图　　a—a断面图　　b—b断面图　①

立面图　　a—a断面图　　b—b断面图　c—c断面图　②

a—a断面图　b—b断面图　c—c断面图
a—a断面图立体示意图
b—b断面图立体示意图　③

立面图　　a—a断面图　　b—b断面图　D

平面图　　c—c断面图　④

立面图　　平面图　　a—a断面图　⑤

立面图　　a—a断面图　　b—b断面图　⑥

石材饰面　EPS成品线条　EPS成品线条　涂料饰面　EPS成品线条　窗台线　涂料饰面　EPS成品窗台　涂料饰面
EPS成品窗台　EPS成品线条　涂料饰面
涂料饰面　EPS成品线条

23

2 某住宅楼结构施工图实例导读

结 构 设 计 总 说 明（一）

一、设计依据

建筑结构安全等级	建筑物抗震设防类别	抗震设防烈度	设计基本地震 加速度	建筑物场地类别	人防抗力级别
二级	丙类	7 度（第一组）	0.10g	Ⅱ类	

1. 结构形式为：异形柱框架结构　主体抗震等级为三级

基本风压	基本雪压	地面粗糙度
0.35kN/m²	0.45kN/m²	B类

建筑耐火等级	结构构件耐火极限（h）		
二	1.5（梁）	1.0（板）	2.5（柱）

2. 设计使用年限为 50 年，混凝土结构环境类别：总体地面以下为二（a）类，地面以上为一类。卫生间、浴室等室内潮湿环境为二（a）类；混凝土构件露天环境为二（a）类。

3. 本工程主要采用的国家、部委及地方制定的设计、施工现行规范及规程。

1）房屋建筑制图统一标准 GB/T 50001—2001

2）建筑结构制图标准 GB/T 50105—2001

3）建筑结构荷载规范（2006 版）GB 50009—2001

4）混凝土结构设计规范 GB 50010—2002

5）建筑抗震设计规范（2008 版）GB 50011—2001

6）混凝土异形柱结构技术规程 JGJ 149—2006

7）砌体结构设计规范 GB 50003—2001

8）建筑工程抗震设防分类标准 GB 50223—2008

9）混凝土结构工程施工质量验收规范 GB 50204—2002

10）建筑地基基础工程施工质量验收规范 GB 50202—2002

11）建筑地基基础设计规范 GB 50007—2002

4. 地质勘察报告：安徽省建设工程勘察设计院提供本工程段详细勘察报告书。

地质基本情况为：1 层素填土；2-1 层粉质黏土，承载力特征值 f_{ak}=120kPa；2-2 层粉质黏土，承载力特征值 f_{ak}=70kPa；2-3 层粉质黏土，承载力特征值 f_{ak}=170kPa；2-4 层粉质黏土，承载力特征值 f_{ak}=110kPa；3 层黏土，承载力特征值 f_{ak}=230kPa；4 层粉质黏土，承载力特征值 f_{ak}=170kPa；5-1 层粉土，承载力特征值 f_{ak}=190kPa；5-2 层粉土夹粉细砂，承载力特征值 f_{ak}=260kPa。

5. 室内地面标高±0.000 相当于绝对高程 11.90m（吴淞高程）。

6. 特殊楼面、地面可变荷载（使用荷载）标准值及主要设备控制荷载标准值（单位：kN/m²）。其他常规荷载按《建筑结构荷载规范》（2006 版）（GB 50009—2001）；栏杆顶部水平荷载为 0.5kN/m²。

部位	客厅、卧室、餐厅、卫生间、厨房	楼梯	阳台	储藏室	不上人屋面
荷载（kN/m²）	2.0	2.5	2.5	3.5	0.5

*注：未经技术鉴定或设计许可，不得改变结构的用途，不得使用环境和使用荷载。

二、结构体系及基础形式

结构体系	结构类型	主体地上层数	主体地下层数	主体高度	地下室防水等级
混凝土结构	异形柱框架结构	3	1	10.200m	P6

基础形式	地基持力层	地基液化等级	承载力特征值	地基基础设计等级
独立基础	3 层黏土	无液化	f_{ak}=230kPa	丙级

三、主要建筑材料技术指标（结构材料应具有合格证明）

1.（1）热轧钢筋：Φ HPB 235 光圆钢筋 $f_y=f'_y$=210N/mm²

Φ HPB 335 变形钢筋 $f_y=f'_y$=300N/mm²

Φ HPB 400 变形钢筋 $f_y=f'_y$=360N/mm²

钢筋使用前应按《混凝土结构工程施工质量验收规范》（GB 50204—2002）第 5.2.2 条进行检测，未经设计许可不得对钢筋进行代换。

（2）钢材：Q235B 钢板、热轧普通型钢。

（3）焊条：E43 系列用于焊接 HPB235 级钢筋、Q235 钢板及型钢；

E50 系列用于焊接 HRB335 级钢筋；E55 系列用于焊接 HRB400 级钢筋；

不同级别钢材焊接时按照高级别钢材连接的焊条。

2. 填充墙砌块及砂浆、成品墙板（填充墙施工参见 06CG01、皖 2008J120 图集）。

位置		外墙	其他填充墙
砌块材料		煤矸石空心砖（20mm 厚）	煤矸石空心砖（200、120mm 厚）
砖强度等级		MU5.0	MU5.0
砂浆材料	地上	M5.0 混合砂浆	M5.0 混合砂浆
	地下	M5.0 水泥砂浆	M5.0 水泥砂浆
砌块允许重度		≤9kN/m³	≤9kN/m³

厕所四周混凝土卷边 200mm 高

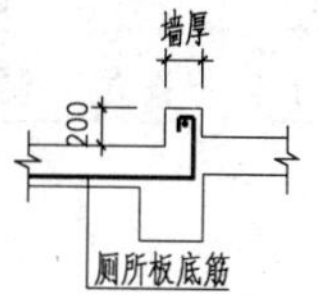

3. 混凝土强度等级、耐久性基本要求详见《混凝土结构设计规范》（GB 50010—2002）表 3.4.2。

构件 \ 部位标高	基础顶～一层面	一层面～屋顶
墙柱	C30	C25
梁板	C30	C25

注：（1）过梁、构造柱、圈梁统一为 C20。

（2）无地下室时，基础、基础梁 C30，垫层 C15。

（3）水泥应选用水化热较低的品种，如矿渣硅酸盐水泥，严格控制砂石骨料含泥量及级配，控制水化热的升温和降温。

四、结构的一般说明

1. 受力纵筋混凝土保护层厚度（mm），凡未标明者均按下列取值：

位置	楼面、屋面梁	楼板及预制板	室外地面以下柱（墙）	室外地面以上柱（墙）	基础、承台	地下室底板	基础梁
保持层厚度	25	15	30（20）	30（15）	40	35	30

注：混凝土保护层厚度且不应小于纵筋直径。二（a）类环境的梁为 30mm；板为 20mm。迎水面保护层厚度>40mm 时应设钢筋网片 ϕ4@200×200 端部锚固长度为 250mm，梁、柱中箍筋、钢筋网的保护层厚度不应小于 15mm。

2. 直径 d≤22mm 的纵向受力钢筋的连接宜采用机械连接或焊接，框架梁、柱纵向钢筋接头，抗震等级一级和二级的各部分，以及三级的底层柱底，应采用机械连接或焊接接头。

3. 除注明者外，楼面梁或板钢筋需搭接时，上部钢筋在跨中 1/3 范围内搭接，下部钢筋只能在支座内搭接。

4. 钢筋混凝土墙、柱的纵向钢筋伸入承台或基础内锚固长度不小于 l_{aE}，且伸入承台或基础内的竖直段长度≥20d，变折后的水平段≥10d，在承台或承台梁范围内加设钢筋的稳定箍筋三道。

5. 跨度等于或大于 4m 或悬挑长度 2m 的梁应起拱，起拱高度为全跨长度的 1/500。

6. 纵向受拉钢筋的最小锚固长度 l_{aE}、l_a，按国标图集 03G101-1 第 33、34 页中的要求施工。

注：当采用 HRB335、HRB400 级钢筋直径 d>25mm 时锚固长度应乘以修正系数 1.1；当采用环氧树脂涂层钢筋时，其锚固长度应乘以修正系数 1.25。

7. 纵向受拉钢筋的搭接长度：1.2l_{aE}（纵向钢筋接头面积为≤25%），搭接长度为 1.4l_{aE}（纵向钢筋接头面积为≤50%）。

8. 现浇混凝土外露雨罩、挑檐、女儿墙和挂板每隔 12m 用油毡隔开（钢筋不断）。

9. 型钢及钢板焊接

（1）两种不同钢材连接时，采用与低强度钢材相适应的焊接材料；

（2）熔透焊缝按二级焊缝检验标准，焊缝符号按《建筑钢结构焊接技术规程》（JGJ 81—2002）。

五、基础及地下工程

1. 基坑开挖时必须降水至施工面以下 500mm，并应采取完善的支护措施确保边坡稳定和周围建筑物、道路的安全。基槽采用机械开挖时，只挖至基础设计标高以上 300mm，余下由人工开挖，以保证基底置于未扰动的土层。图中所注柱基底标高为基础所需的最小埋深，各基础实际埋深以基底进持力层下≥200mm 为准。

2. 基础垫层施工前，必须通过有关部门验槽，确认承载力满足设计要求，并进行隐蔽工程验收。

3. 地下室底板、承台、基础梁等大体积混凝土连续浇筑时，应加强养护，采取有效措施减少水化热等有害影响。

4. 底层室内排水管沟、轻型设备基础应根据相关专业的要求。

5. 基坑土方开挖完成后应立即对基坑进行封闭，防止水浸和曝晒，并应及时进行地下结构施工；基坑土方开挖应严格按设计要求进行，不得超挖。

6. 基础施工完毕应及时回填土，柱基四周应同时回填并分层夯实，每层厚不得>300mm，压实系数≤0.94。

7. 独立柱基底板宽度 B≥2500mm 时，底板钢筋可取 0.9l（l=B−50mm）交错放置（双柱联合基础除外），基础板底钢筋放置：长跨在下，短跨在上。

六、框架构造要求

1. 框架梁、柱配筋及节点抗震构造要求（除单项图纸注明外）应按国标图集 03G101-1（修订版）第 35～41，46～55，61，65～68 页中的构造施工。梁中附加箍筋、吊筋及腹板腰筋构造详见 63 页。除单项图纸注明外，梁侧构造纵筋间距>200mm 时，第 200mm 设 2Φ12 腰筋。

2. 梁平面配筋表示法按中国建筑标准设计研究所出版的《混凝土结构施工图平面整体表示法制图规则和构造详图》03G101-1 进行。梁补充构造详图三。主次梁交接处（除注明者外），次梁两侧箍筋附加各 3 根@50，箍筋直径同主梁箍筋；截面等高时次梁主筋置于主梁主筋之上。

3. 框架梁一端支承在梁（KL，L）上，该端梁箍筋不需设加密区。

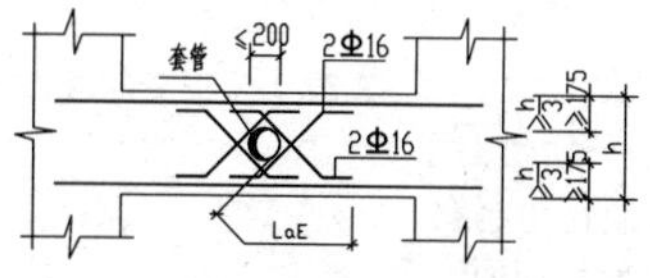

图一连梁，框架梁洞口补强钢筋(一)

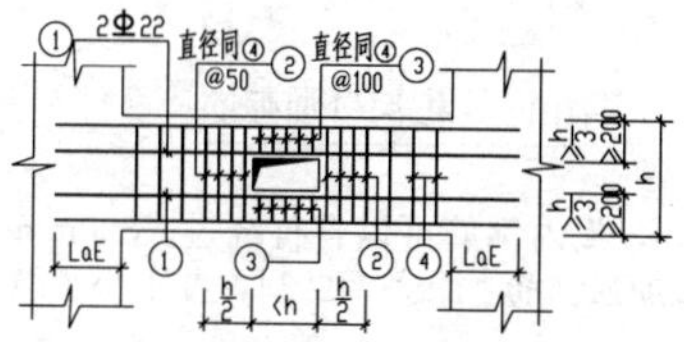

图二连梁，框架梁洞口补强钢筋(二)

某某建筑设计研究院
建筑工程甲级　证书编号：110111-sj

备注：

警告：
本结构图不得用于实际工程套用

建设单位

工程名称

绿色港湾 F-1 地块

子项	12 号-LC 户型

图纸名称

结构设计总说明（一）

比例：1∶100

工程勘察设计资质（出图）专用章

注册师章

类　别	签　名
审　定	
审　核	
工程主持人	
工种负责人	
校　对	
设　计	
制　图	

会签栏

建筑		电气	
结构		暖通	
给排水		工艺	

工程编号	W200940	图号	1
图别	结施		27
出图日期			

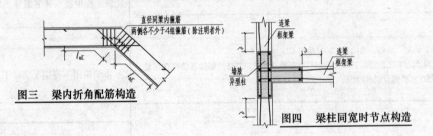

图三　梁内折角配筋构造

图四　梁柱同宽时节点构造

4. 有悬挑端的框架梁、次梁，纵筋构造见图五

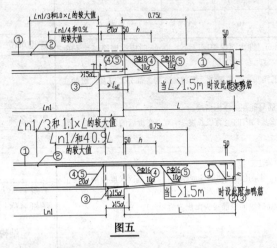

图五

七、楼板

1. 未注明楼板支座负筋长度未标注尺寸界线时，负筋下方的标注数值为自梁（混凝土墙、柱）边起算的直段长度边支座为钢筋实际直段长度。对于板底钢筋，短方向筋放在下层。

2. 楼板钢筋伸入梁内时，板底钢筋锚固长度≥5d 且伸至梁中心线，板负筋锚固长度为 L_a；板筋伸入钢筋混凝土墙体、框架柱内，楼板负筋、底筋锚固长度均为 L_a。

3. 对于主体屋顶层及其下面一层楼板的外墙阳角和阴角处；对于端板板跨≥4m 板的端角处或图中有 ※符号处，应在板 1/3 短跨范围（且不短于 2.0m）内板厚中部另加 7Φ10 加强，加强面筋分别与图纸所标注的同方向板筋间隔放置，见图六。

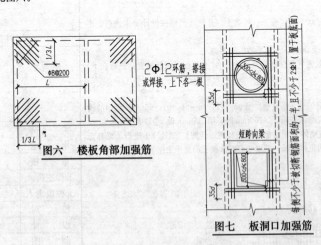

图六　楼板角部加强筋

图七　板洞口加强筋

4. 楼面（屋面）板开洞时，当洞口边长（直径）≤300mm 时，板内钢筋可以自行绕过；300mm＜洞口边长（直径）＜800mm 时，除注明外，应在洞口边的板面及板底设置加强钢筋上下各 2Φ14，并不小于被截断钢筋面积之和，见图七。

5. 楼面水、电管相交于无板面负筋处，在板面增加钢筋网片 φ6@150×150，网片长×宽＝600mm×600mm。受力钢筋的分布钢筋除注明者外均为 φ6@200。

6. 楼（屋）面后浇带在浇灌混凝土前必须将原混凝土打毛、清理、湿润，并将带内钢筋调直。

八、砌体填充墙

1. 所有内外墙转角、内外墙交接处应同时咬槎砌筑，与砌体填充墙连接的钢筋混凝土柱、构造柱应沿柱墙高每隔 500mm 配置 2φ6 墙体拉筋，拉筋入墙长度，一、二级框架宜沿墙全长设置，三、四级框架不应小于墙长的 1/5 且不小于 700。当砌体墙边为钢筋混凝土柱时，按此原则设置墙体拉筋。

2. 墙高度大于 4.0m 时，应在墙高度中部（一般结合门窗洞口上方过梁位置）设置通长的钢筋混凝土圈梁，圈梁截面为墙宽×240mm，配纵筋 4Φ12，箍筋φ6@200，柱（混凝土墙）施工时预埋 4Φ12 与圈梁筋焊接或搭接。圈梁遇过梁时，分别按底面、配筋较大者设置，电梯井圈梁于门厅处加强。

3. 建筑外墙的阳角和阴角，大洞口两侧，楼电梯间四角（无柱时），墙长超过层高 2 倍时墙长中部，以及沿内、外墙超过大于 6.0m 时墙长中部，屋顶女儿墙每隔约 3.0m 左设置一根构造柱，柱截面为墙宽×240mm，配纵筋 4Φ12，箍筋φ6@200，在上下楼层梁相应位置各预埋 4Φ12 与构造柱纵筋连接。构造柱与墙拉结，墙顶与梁、板连接做法详见 06CG01、皖 2008J120 图集中的要求。

4. 砌体墙顶按下表采用钢筋混凝土过梁：
   （1）过梁长＝L_0＋2×a 见图八。
   （2）洞顶高梁底距离小于混凝土过梁高度时，过梁与梁整浇见图九。
   （3）当洞口侧边离柱（混凝土墙）边不足 a. 柱（混凝土墙）施工时，在过梁纵筋相应位置预埋连接钢筋。

过梁表

洞口净跨 L_0	$L_0<1000$	$1000\leq L_0<1500$	$1500\leq L_0<2000$	$2000\leq L_0<2500$	$2500\leq L_0<3000$	$3000\leq L_0<3500$
梁高 h	120	120	150	180	240	300
支座长度 a	240	240	240	370	370	370
②	2φ10	2φ10	2φ10	2φ12	2φ12	2φ12
①	2φ10	2φ12	2φ14	2φ14	2φ16	2φ16

　（4）注：空心砌块外墙窗台处，设置现浇钢筋混凝土带，截面为墙厚×60mm，内配 2φ10，水平拉筋φ6@200（两端各伸入墙内各 240mm）。

九、其他

1. 所有预埋件、预留洞、吊钩等应严格按照结构专业，并配合相关专业进行施工。严禁擅自留洞、留水平槽。不得在承重墙上开设水平槽，不得在截面小于 500mm 的承重墙、柱内埋设管线。

2. 柱、构造柱、混凝土基础等兼作防雷接地时，相关联网的钢筋必须焊接，要求详见电气施工图。

3. 悬臂构件必须在混凝土强度等级达到 100% 设计强度，且抗倾覆部分施工结束后，方可拆除支撑。

4. 除注明外，本工程全部尺寸除标高以米（m）为单位外，其他均以毫米（mm）为单位。

5. 本工程结构分析采用中国建筑科学研究院 PKPM 系列软件。

6. 施工时应详细阅读图纸，要求建筑、结构、水、暖、电各工程密切配合，所有预留孔、洞及预埋管、预埋件应事先留置，不得事后敲凿。请按照现行施工及验收规范精心施工确保工程质量，并按规范要求进行检验及验收。

7. 另行委托设计部分，如屋顶网构、雨篷、幕墙等应经我院相关设计人员审查认可。

8. 未尽事宜详见国家、地方有关规范、规程、规定。

《混凝土结构设计规范》（GB 50010—2002）表 3.4.2

混凝土结构的环境类别及结构混凝土耐久性的基本要求：

环境类别	最大水灰比	最小水泥用量	最大氢离子含量	最大碱含量
一	0.65	225kg/m³	1.0%	不限制
二 a	0.60	250kg/m³	0.3%	3.0kg/m³
五	0.50	300kg/m³	0.2%	2.0kg/m³

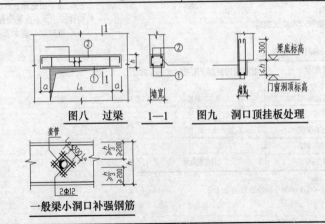

图八　过梁　　**1—1**　　**图九　洞口顶挂板处理**

一般梁小洞口补强钢筋

某某建筑设计研究院

建筑工程甲级　证书编号：110111-sj

备注：
本结构图不得用于实际工程套用

建设单位

工程名称
绿色港湾 F-1 地块

子项	12 号-LC 户型
图纸名称	
结构设计总说明（二）	

比例：1：100

工程勘察设计资质（出图）专用章

注册师章

类 别	签 名
审 定	
审 核	
工程主持人	
工种负责人	
校 对	
设 计	
制 图	

会签栏	
建筑	电气
结构	暖通
给排水	工艺

工程编号	W200940	图号	2
图别	结施		27
出图日期			

1. 基础平面图的形成
假想用一个水平剖切面在相对标高±0.000处将建筑物剖开，移去上面部分后所留下的图形。
2. 基础平面图的主要内容
(1) 基础平面图中，基础墙（或柱）及基础底面的轮廓线要表示出来，其他细部轮廓线都省略不画。

(2) 如基础截面形状、尺寸不同时，即基础宽度、墙体厚度、大放脚、基底标高及管沟做法等不同，须用不同的断面剖切符号标出，并分别画出不同的基础详图。

说明：
1. 柱插筋和底层柱钢筋相同。
2. 施工时如发现地质情况与设计不符，应通知设计人员和勘探人员共同研究处理。
3. 平面图中未注基础底标高均为−4.5m，局部土层未达持力层处用级配砂石回填。

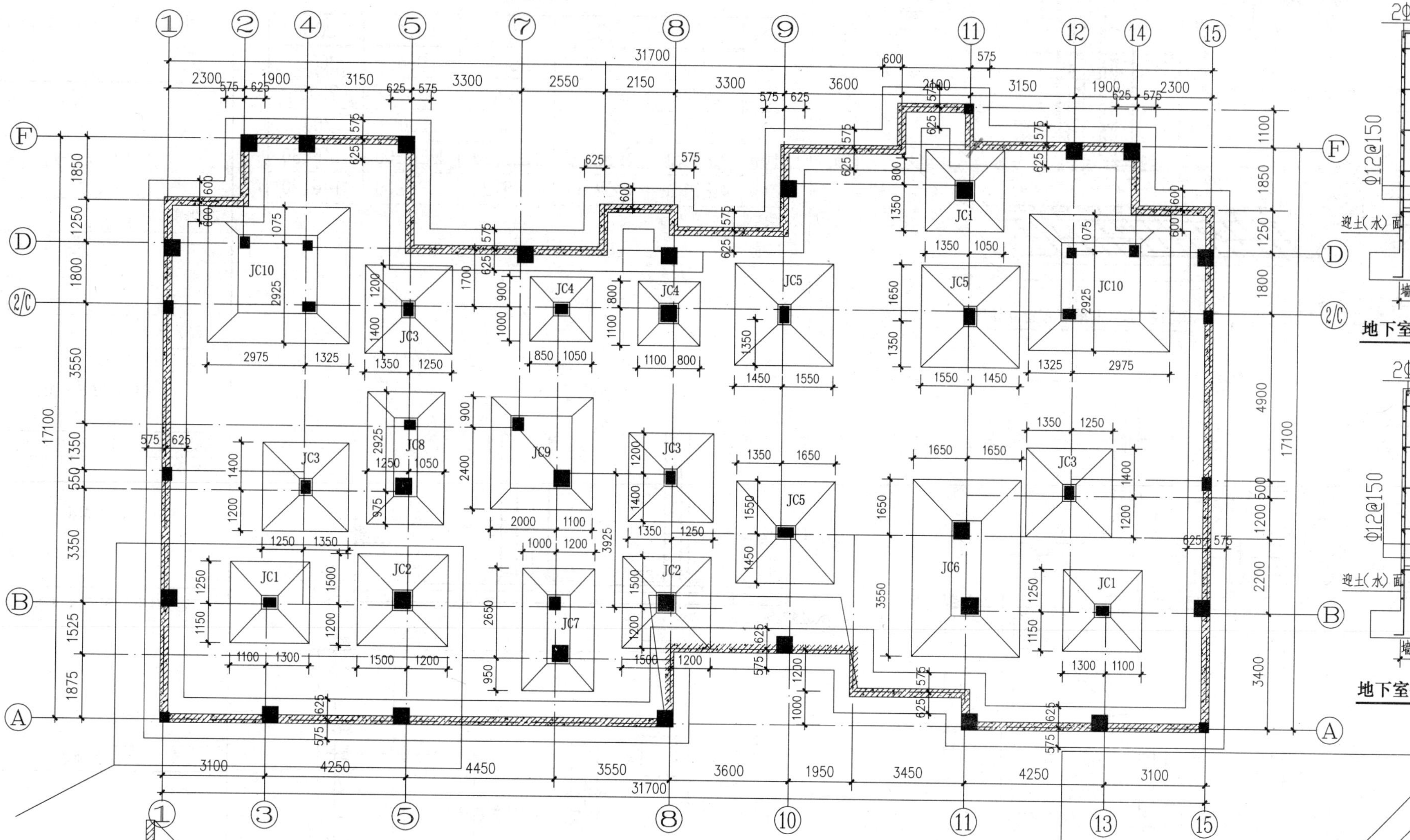

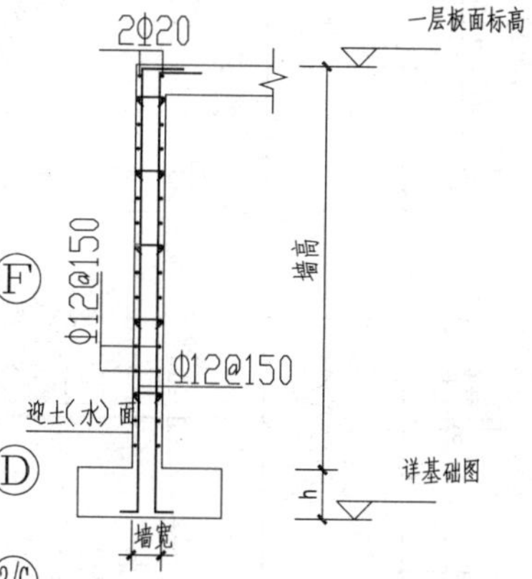

地下室侧壁详图

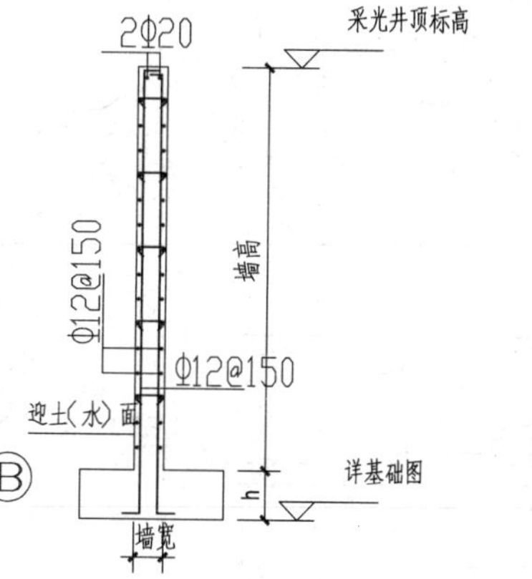

地下室侧壁详图 注用于采光井处。

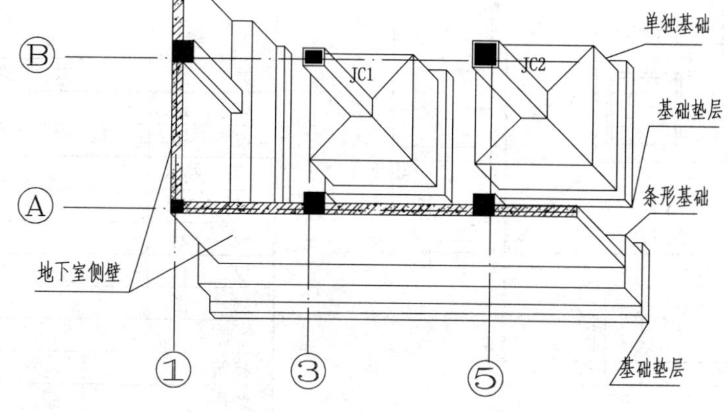

HRB335钢筋，直径12，间距150

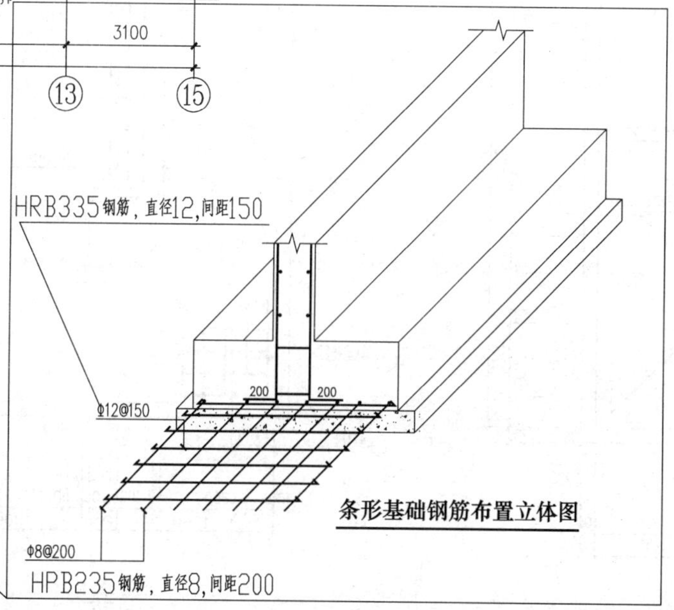

条形基础钢筋布置立体图

基础平面布置图部分鸟瞰立体示意图

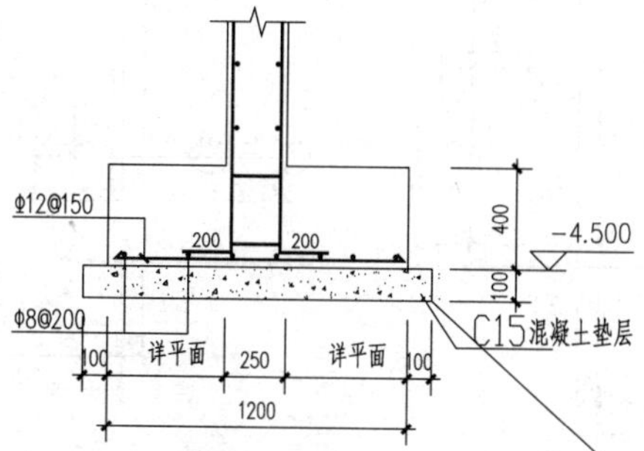

基础平面布置图

条形基础详图

C15混凝土垫层

HPB235钢筋，直径8，间距200

单独基础
基础垫层
条形基础
基础垫层
地下室侧壁

某某建筑设计研究院
建筑工程甲级　证书编号：110111-sj

备注：

本结构图不得用于实际工程套用

建设单位

工程名称

绿色港湾 F-1 地块

子项　12号-LC户型
图纸名称

基础平面布置图

比例：1：100

工程勘察设计资质（出图）专用章

注册师章

类　别	签　名
审　定	
审　核	
工程主持人	
工种负责人	
校　对	
设　计	
制　图	

会签栏
建筑	电气
结构	暖通
给排水	工艺

工程编号	W200940	图号	3
图别	结施		27
出图日期			

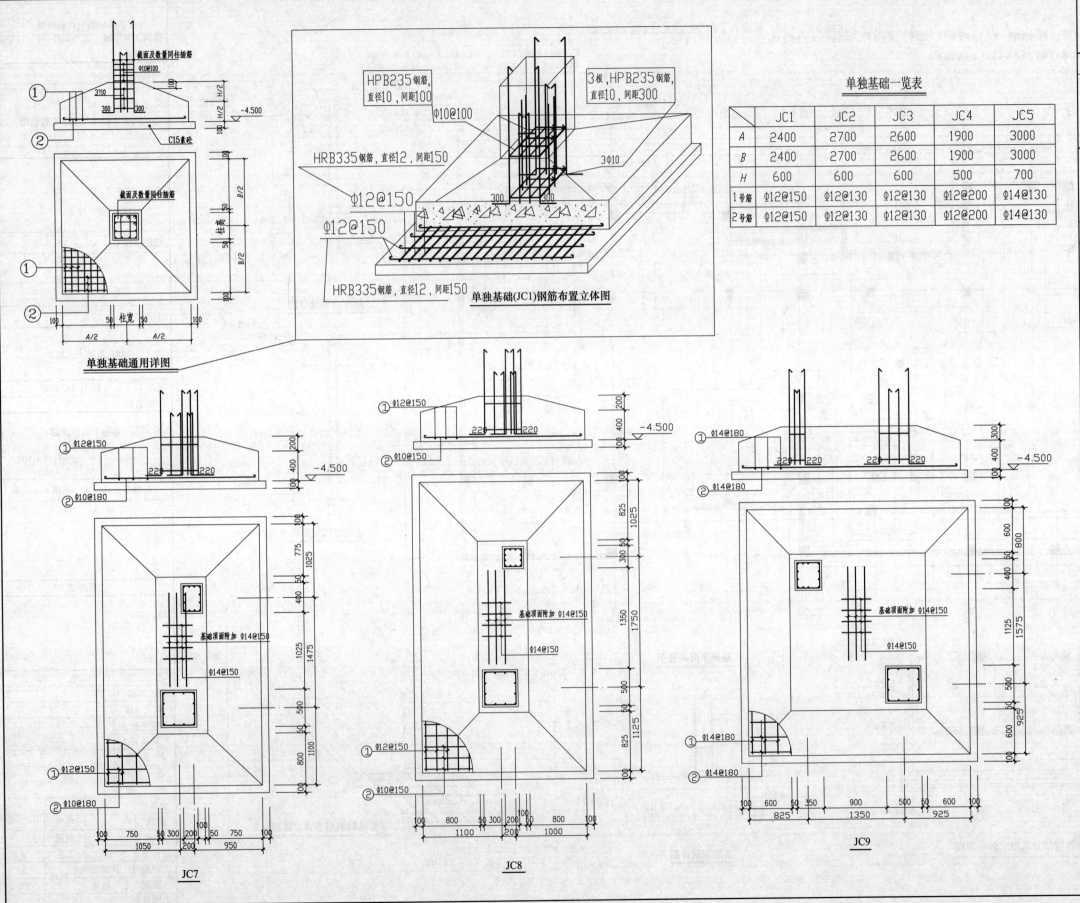

单独基础一览表

	JC1	JC2	JC3	JC4	JC5
A	2400	2700	2600	1900	3000
B	2400	2700	2600	1900	3000
H	600	600	600	500	700
1号筋	Φ12@150	Φ12@130	Φ12@130	Φ12@200	Φ14@130
2号筋	Φ12@150	Φ12@130	Φ12@130	Φ12@200	Φ14@130

HPB235钢筋，直径10，间距100

3根，HPB235钢筋，直径10，间距300

Φ10@100

HRB335钢筋，直径12，间距150

3Φ10

Φ12@150

Φ12@150

HRB335钢筋，直径12，间距150

单独基础(JC1)钢筋布置立体图

截面及数量同柱插筋

Φ10@100

3Φ10

-4.500

C15素砼

截面及数量同柱插筋

单独基础通用详图

JC7

JC8

JC9

某某建筑设计研究院
建筑工程甲级　证书编号：110111-sj

备注：

本结构不得用于实际工程套用

建设单位

工程名称

绿色港湾 F-1 地块

子项　12号-LC户型

图纸名称

基础详图二

比例：1：100

工程勘察设计资质（出图）专用章

注册师章

类　别	签　名
审　定	
审　核	
工程主持人	
工种负责人	
校　对	
设　计	
制　图	

会签栏

建筑		电气	
结构		暖通	
给排水		工艺	

工程编号	W200940	图号	4
图别	结施		27
出图日期			

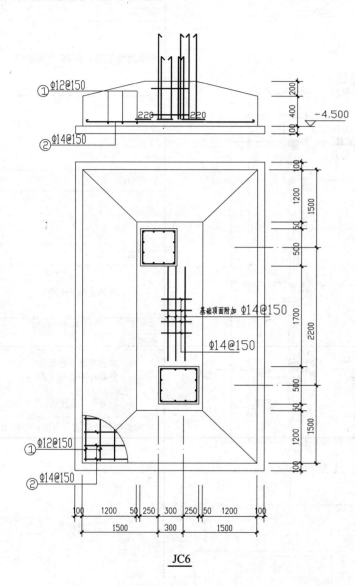

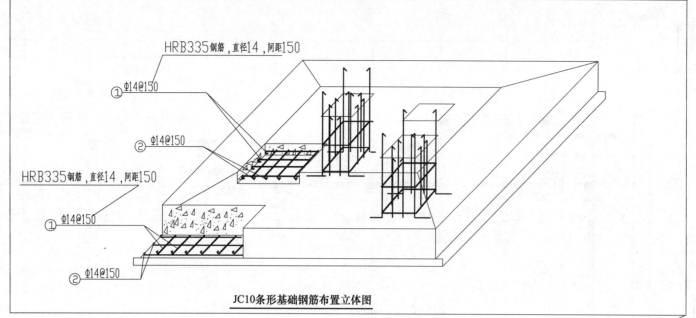

JC10条形基础钢筋布置立体图

HRB335钢筋,直径14,间距150
① Φ14@150
② Φ14@150
HRB335钢筋,直径14,间距150
① Φ14@150
② Φ14@150

① Φ12@150
220 220
② Φ14@150

基础顶面附加 Φ14@150
Φ14@150

① Φ12@150
② Φ14@150

100 1200 50 250 300 250 50 1200 100
1500 300 1500

JC6

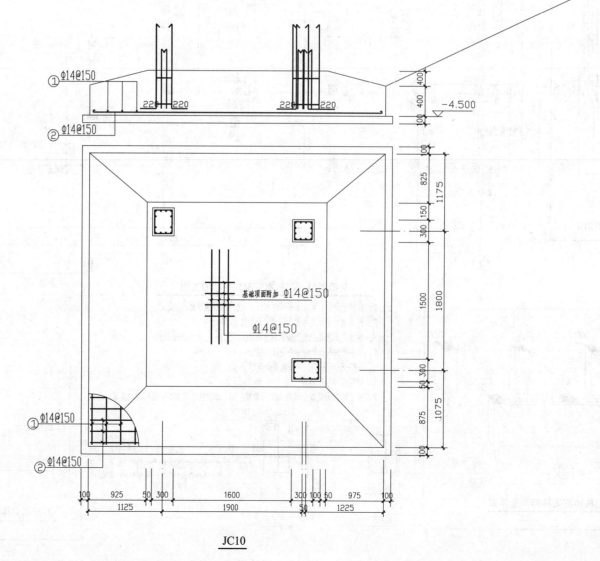

① Φ14@150
220 220   220 220
② Φ14@150
-4.500

基础顶面附加 Φ14@150
Φ14@150

① Φ14@150

② Φ14@150

100 925 50 300 1600 300 100 50 975 100
1125 1900 50 1225

JC10

1. 基础详图的形成
用较大的比例画出基础局部构造的图,如基础的细部尺寸、形状、材料做法及基础埋置深度等。
2. 基础详图的主要内容
图名与比例应有轴线及其编号。基础的详细尺寸,如基础墙的厚度,基础的宽、高、垫层的厚度等。室内外地面标高及基础底面标高。基础及垫层的材料、强度等级、配筋规格及布置、施工说明等。

某某建筑设计研究院	
建筑工程甲级 证书编号：110111-sj	
备注：	
本结构图不得用于实际工程套用	
建设单位	
工程名称	
绿色港湾 F-1 地块	
子项	12 号-LC 户型
图纸名称	
基础详图二	
比例：1：100	
工程勘察设计资质（出图）专用章	
注册师章	

类 别	签 名
审 定	
审 核	
工程主持人	
工种负责人	
校 对	
设 计	
制 图	
会签栏	
建筑	电气
结构	暖通
给排水	工艺

工程编号	W200940	图号	5
图别	结施		27
出图日期			

29

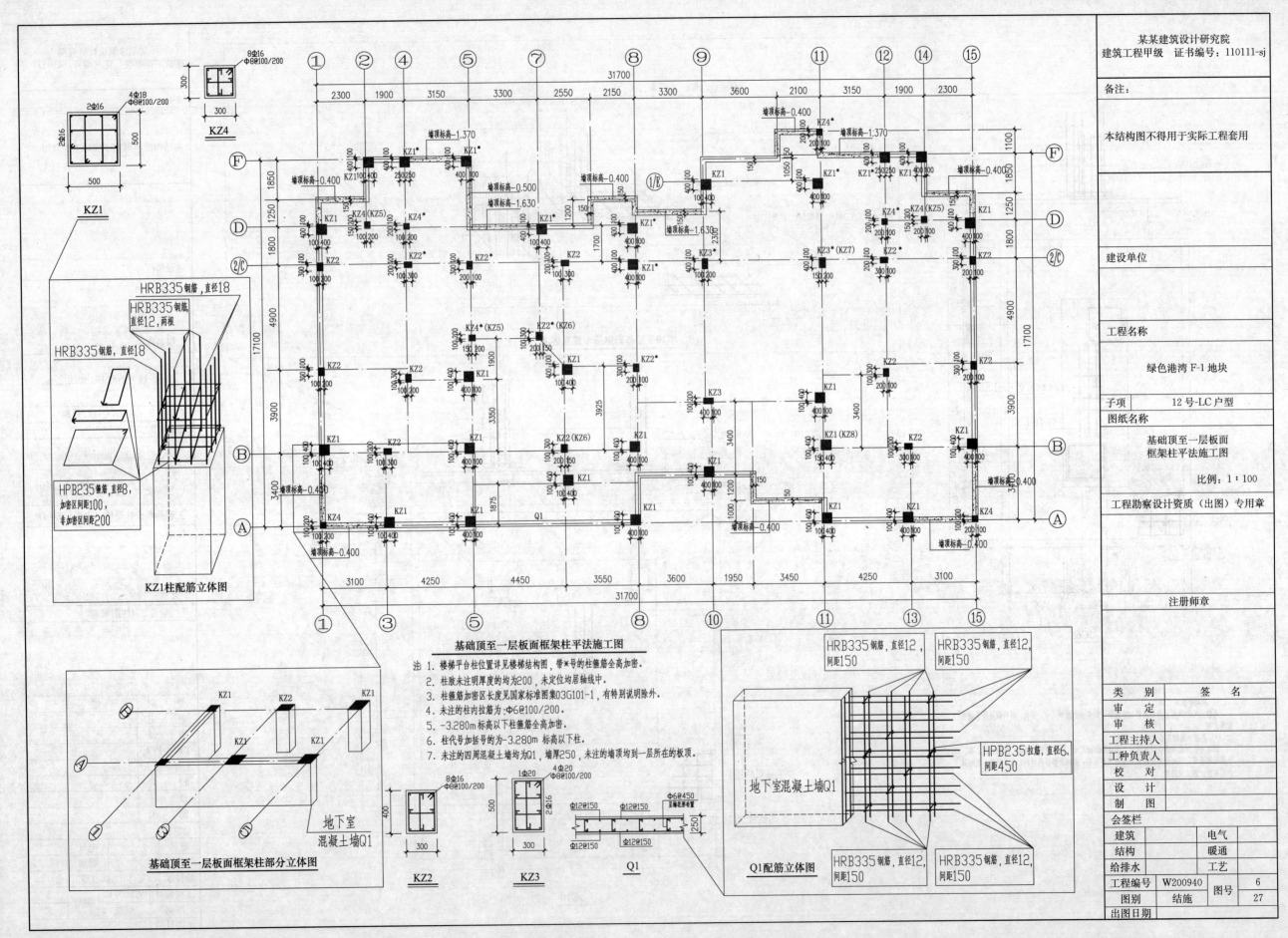

某某建筑设计研究院
建筑工程甲级   证书编号：110111-sj

备注：

本结构图不得用于实际工程套用

建设单位

工程名称

绿色港湾 F-1 地块

子项   12 号-LC 户型

图纸名称

基础顶至一层板面
框架柱平法施工图

比例：1：100

工程勘察设计资质（出图）专用章

注册师章

基础顶至一层板面框架柱平法施工图

注：1. 楼梯平台柱位置详见楼梯结构图，带＊号的柱箍筋全高加密。
2. 柱肢未注明厚度的均为200，未定位均居轴线中。
3. 柱箍筋加密区长度见国家标准图集03G101-1，有特别说明除外。
4. 未注的柱内拉筋为Φ6@100/200。
5. -3.280m标高以下柱箍筋全高加密。
6. 柱代号加括号的为-3.280m标高以下柱。
7. 未注的四周混凝土墙均为Q1，墙厚250，未注的墙顶到一层所在的板顶。

KZ1柱配筋立体图

基础顶至一层板面框架柱部分立体图

地下室混凝土墙Q1

KZ2   KZ3   Q1   Q1配筋立体图

地下室混凝土墙Q1

HRB335钢筋，直径12，间距150
HRB335钢筋，直径12，间距150
HPB235拉筋，直径6，间距450
HRB335钢筋，直径12，间距150
HRB335钢筋，直径12，间距150

类别	签名
审定	
审核	
工程主持人	
工种负责人	
校对	
设计	
制图	

会签栏

建筑		电气	
结构		暖通	
给排水		工艺	

工程编号	W200940	图号	6
图别	结施		27
出图日期			

30

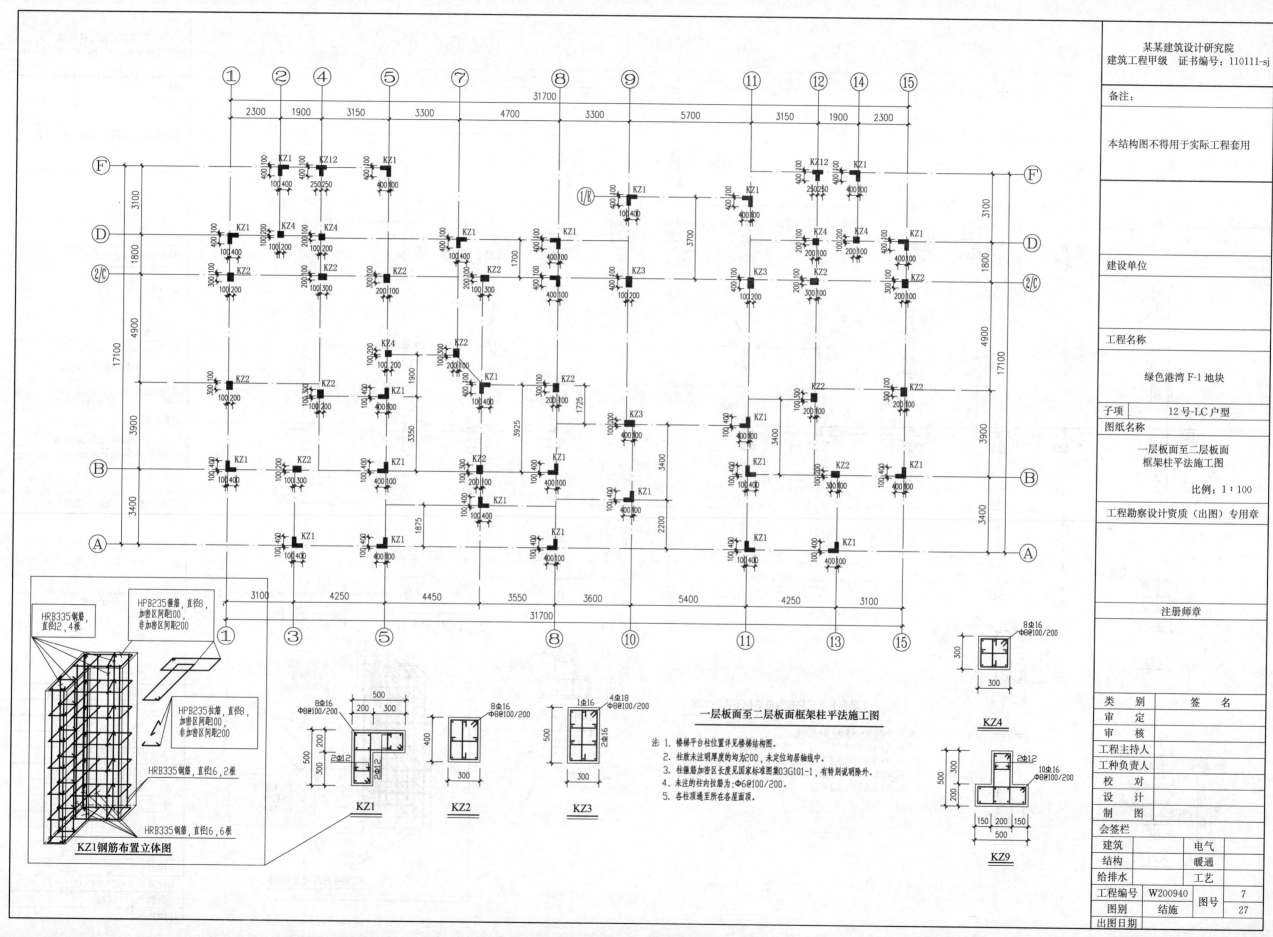

一层板面至二层板面框架柱平法施工图

注: 1. 楼梯平台柱位置详见楼梯结构图。
2. 柱底未注明厚度的均为200，未定位均居轴线中。
3. 柱箍筋加密区长度见国家标准图集03G101-1，有特别说明除外。
4. 未注的柱内拉筋为：Φ6@100/200。
5. 各柱顶通达至所在各屋面顶。

某某建筑设计研究院
建筑工程甲级 证书编号：110111-sj

备注：

本结构图不得用于实际工程套用

建设单位

工程名称

绿色港湾 F-1 地块

子项 12号-LC户型

图纸名称

一层板面至二层板面
框架柱平法施工图

比例：1：100

工程勘察设计资质（出图）专用章

注册师章

类 别	签 名		
审 定			
审 核			
工程主持人			
工种负责人			
校 对			
设 计			
制 图			

会签栏			
建筑		电气	
结构		暖通	
给排水		工艺	
工程编号	W200940	图号	7
图别	结施		27
出图日期			

KZ1钢筋布置立体图

HPB235箍筋，直径8，加密区间距100，非加密区间距200

HRB335钢筋，直径2，4根

HPB235拉筋，直径8，加密区间距100，非加密区间距200

HRB335钢筋，直径16，2根

HRB335钢筋，直径16，6根

KZ1
KZ2
KZ3
KZ4
KZ9

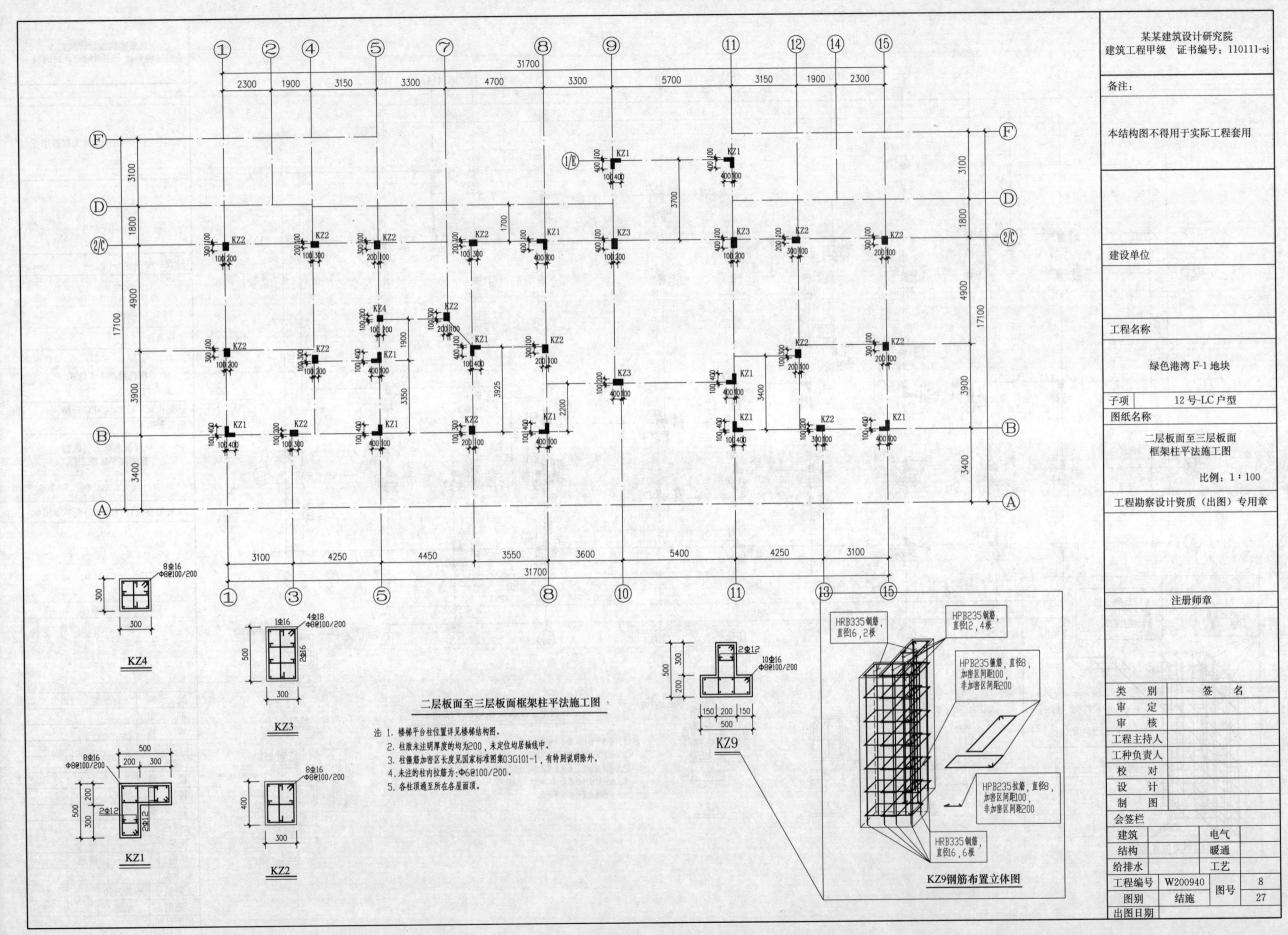

二层板面至三层板面框架柱平法施工图

注: 1. 楼梯平台柱位置详见楼梯结构图。
2. 柱肢未注明厚度的均为200, 未定位均居轴线中。
3. 柱箍筋加密区长度见国家标准图集03G101-1, 有特别说明除外。
4. 未注的柱内拉筋为: Φ6@100/200。
5. 各柱顶通至所在各层屋面顶。

KZ4
KZ3
KZ1
KZ2
KZ9

KZ9钢筋布置立体图

HRB335钢筋, 直径16, 2根
HPB235钢筋, 直径12, 4根
HPB235箍筋, 直径8, 加密区间距100, 非加密区间距200
HPB235拉筋, 直径8, 加密区间距100, 非加密区间距200
HRB335钢筋, 直径16, 6根

某某建筑设计研究院
建筑工程甲级 证书编号: 110111-sj

备注:

本结构图不得用于实际工程套用

建设单位

工程名称

绿色港湾 F-1 地块

子项 12号-LC 户型

图纸名称

二层板面至三层板面
框架柱平法施工图

比例: 1:100

工程勘察设计资质(出图)专用章

注册师章

类 别	签 名
审 定	
审 核	
工程主持人	
工种负责人	
校 对	
设 计	
制 图	

会签栏

建筑	电气
结构	暖通
给排水	工艺

工程编号	W200940	图号	8
图别	结施		27
出图日期			

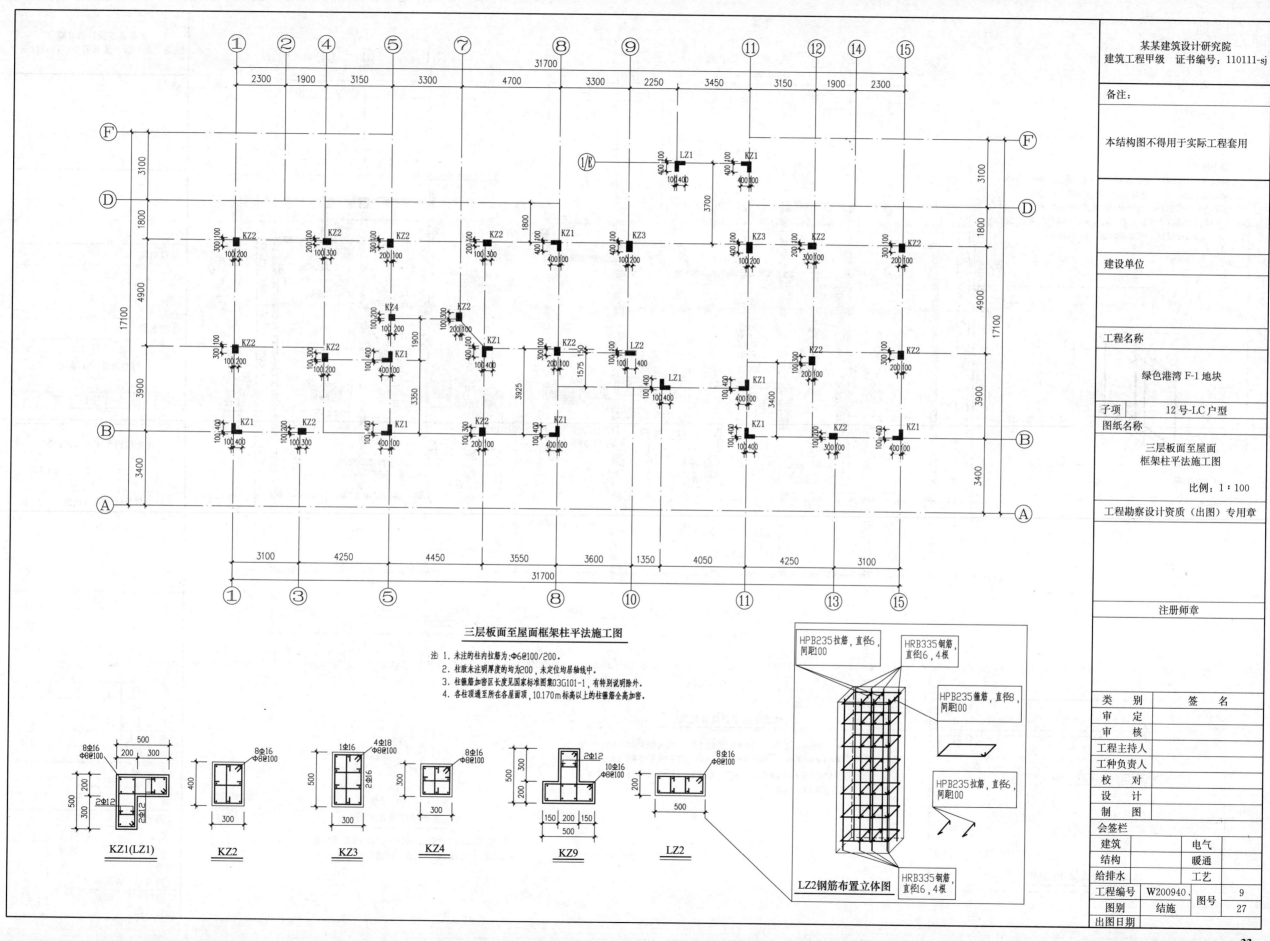

三层板面至屋面框架柱平法施工图

注 1. 未注的柱内拉筋为:Φ6@100/200。
  2. 柱肢未注明厚度均为200,未定位均居轴线中。
  3. 柱箍筋加密区长度见国家标准图集03G101-1,有特别说明除外。
  4. 各柱顶通至所在各屋面顶,10.170m标高以上的柱箍筋全高加密。

KZ1(LZ1)   KZ2   KZ3   KZ4   KZ9   LZ2

HPB235拉筋,直径6,间距100
HRB335钢筋,直径16,4根
HPB235箍筋,直径8,间距100
HPB235拉筋,直径6,间距100
HRB335钢筋,直径16,4根

LZ2钢筋布置立体图

某某建筑设计研究院
建筑工程甲级 证书编号:110111-sj

备注:

本结构图不得用于实际工程套用

建设单位

工程名称

绿色港湾 F-1 地块

子项 12 号-LC 户型

图纸名称

三层板面至屋面
框架柱平法施工图

比例:1:100

工程勘察设计资质(出图)专用章

注册师章

类别	签名
审定	
审核	
工程主持人	
工种负责人	
校对	
设计	
制图	

会签栏

建筑		电气	
结构		暖通	
给排水		工艺	
工程编号	W200940	图号	9
图别	结施		27
出图日期			

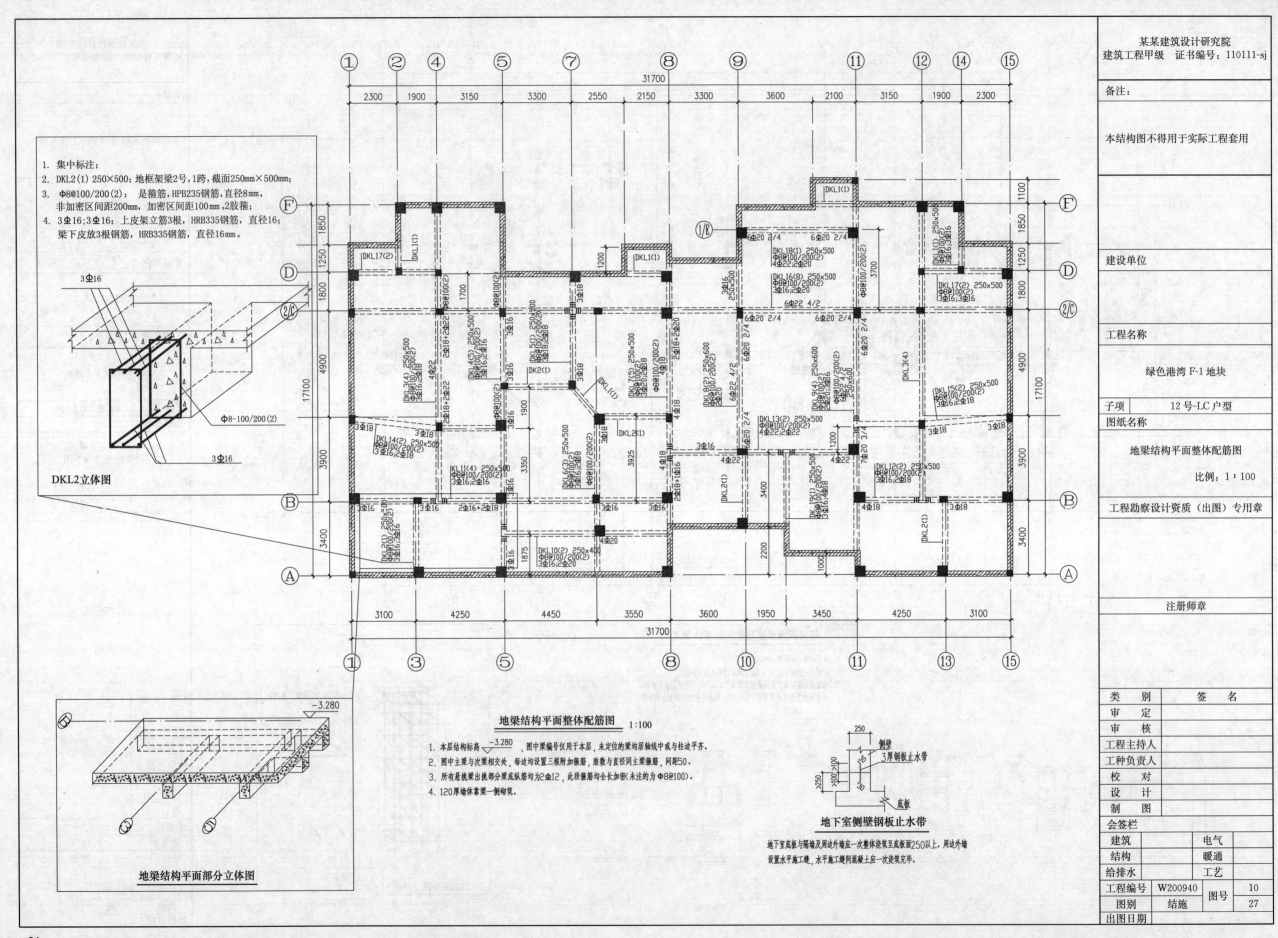

某某建筑设计研究院
建筑工程甲级 证书编号：110111-sj

备注：

本结构图不得用于实际工程套用

建设单位

工程名称

绿色港湾 F-1 地块

子项　12号-LC户型

图纸名称

地梁结构平面整体配筋图

比例：1：100

工程勘察设计资质（出图）专用章

注册师章

1. 集中标注：
2. DKL2(1) 250×500：地框架梁2号，1跨，截面250mm×500mm；
3. Φ8@100/200(2)：是箍筋，HPB235钢筋，直径8mm，
   非加密区间距200mm，加密区间距100mm，2肢箍；
4. 3Φ16；3Φ16：上皮架立筋3根，HRB335钢筋，直径16；
   梁下皮放3根钢筋，HRB335钢筋，直径16mm。

DKL2立体图

地梁结构平面部分立体图

地梁结构平面整体配筋图 1:100

1. 本层结构标高 −3.280。图中梁编号仅用于本层，未定位的梁均居轴线中或与柱边平齐。
2. 图中主梁与次梁相交处，每边均设置三根附加箍筋，肢数及直径同主梁箍筋，间距50。
3. 所有悬挑梁出挑部分梁底纵筋均为2Φ12，此段箍筋均全长加密（未注的为Φ8@100）。
4. 120厚墙体套梁一侧浇筑。

地下室侧壁钢板止水带

地下室底板与隔墙及周边外墙应一次整体浇筑至底板面250以上。周边外墙
设置水平施工缝，水平施工缝同混凝土应一次浇筑完毕。

类　别	签　名		
审　定			
审　核			
工程主持人			
工种负责人			
校　对			
设　计			
制　图			
会签栏			
建筑		电气	
结构		暖通	
给排水		工艺	
工程编号	W200940	图号	10
图别	结施		27
出图日期			

34

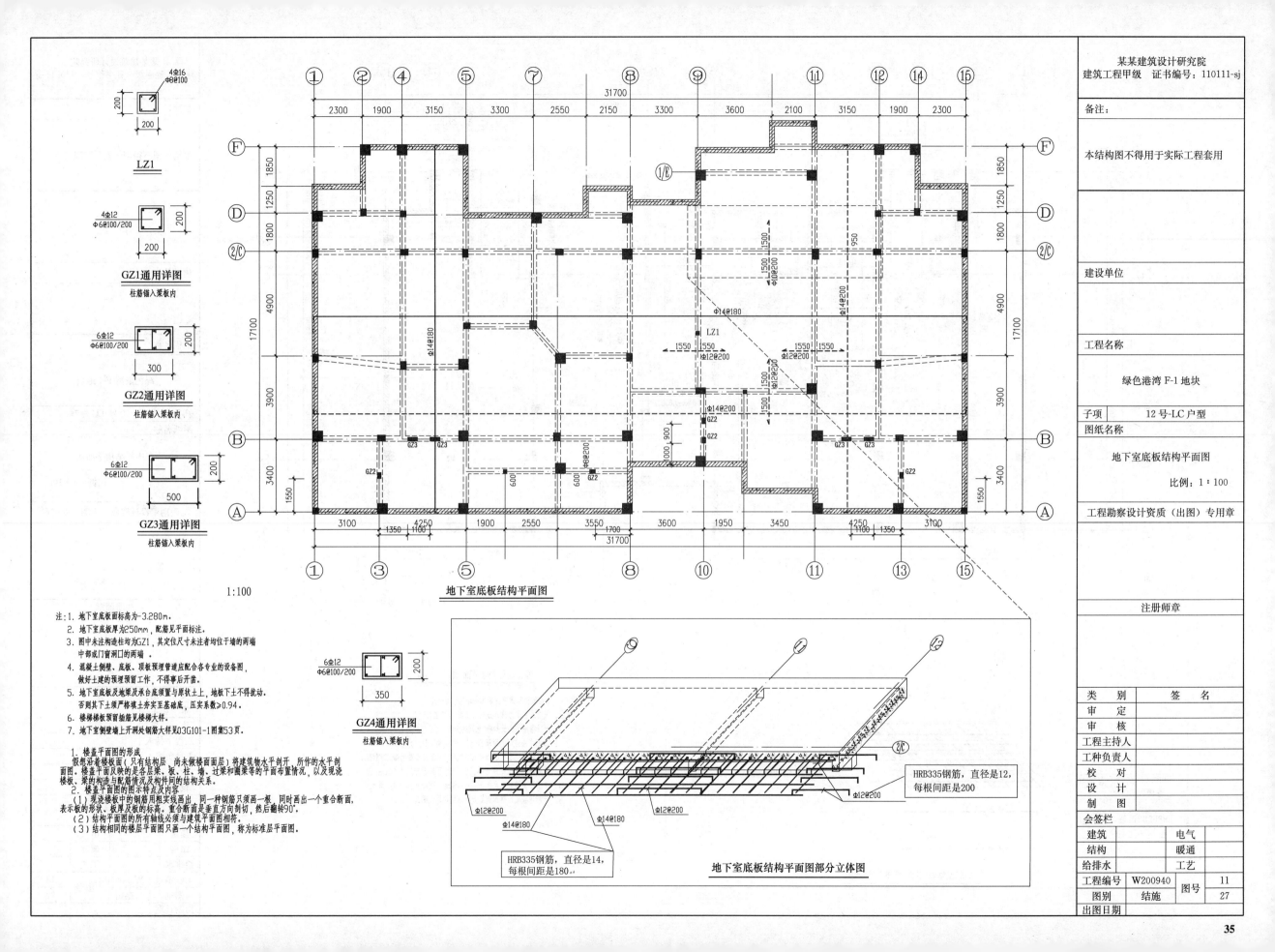

LZ1

4Φ16
Φ8@100
200
200
200

GZ1通用详图
柱筋锚入梁板内

4Φ12
Φ6@100/200
200
200
200

GZ2通用详图
柱筋锚入梁板内

6Φ12
Φ6@100/200
200
300

GZ3通用详图
柱筋锚入梁板内

6Φ12
Φ6@100/200
200
500

6Φ12
Φ6@100/200
200
350

GZ4通用详图
柱筋锚入梁板内

1:100

地下室底板结构平面图

注：1. 地下室底板面标高为-3.280m。
　　2. 地下室底板厚为250mm，配筋见平面标注。
　　3. 图中未注构造柱均为GZ1，其定位尺寸未注者均位于墙的两端
　　　　中部或门窗洞口的两端。
　　4. 混凝土侧壁、底板、顶板预埋管道应配合各专业的设备图，
　　　　做好土建的预埋预留工作，不得事后开凿。
　　5. 地下室底板及地梁及承台底须置于原状土上，地板土不得扰动，
　　　　否则其下土须严格填土夯实至基础底，压实系数≥0.94。
　　6. 楼梯板预插筋见楼梯大样。
　　7. 地下室侧壁墙上开洞处钢筋大样见03G101-1图集53页。

　1. 楼盖平面图的形成
　　　假想沿着楼板面（只有结构层，尚未做楼面面层）将建筑物水平剖开，所作的水平剖
　　面图。楼盖平面反映的是各层梁、板、柱、墙、过梁和圈梁等的平面布置情况，以及现浇
　　楼板、梁的构造与配筋情况及构件间的构造关系。
　2. 楼盖平面图的图示特点及内容
　　　（1）现浇楼板中的钢筋用细实线画出，同一种钢筋只须画一根，同时画出一个重合断面，
　　表示板的形状、板厚及板的标高。重合断面是垂直方向剖切，然后翻转90°。
　　　（2）结构平面图的所有轴线必须与建筑平面图相符。
　　　（3）结构相同的楼层平面图只画一个结构平面图，称为标准层平面图。

HRB335钢筋，直径是12，
每根间距是200

HRB335钢筋，直径是14，
每根间距是180

地下室底板结构平面图部分立体图

类别	签 名
审 定	
审 核	
工程主持人	
工种负责人	
校 对	
设 计	
制 图	

会签栏

建筑		电气	
结构		暖通	
给排水		工艺	

工程编号	W200940	图号	11
图别	结施		27
出图日期			

35

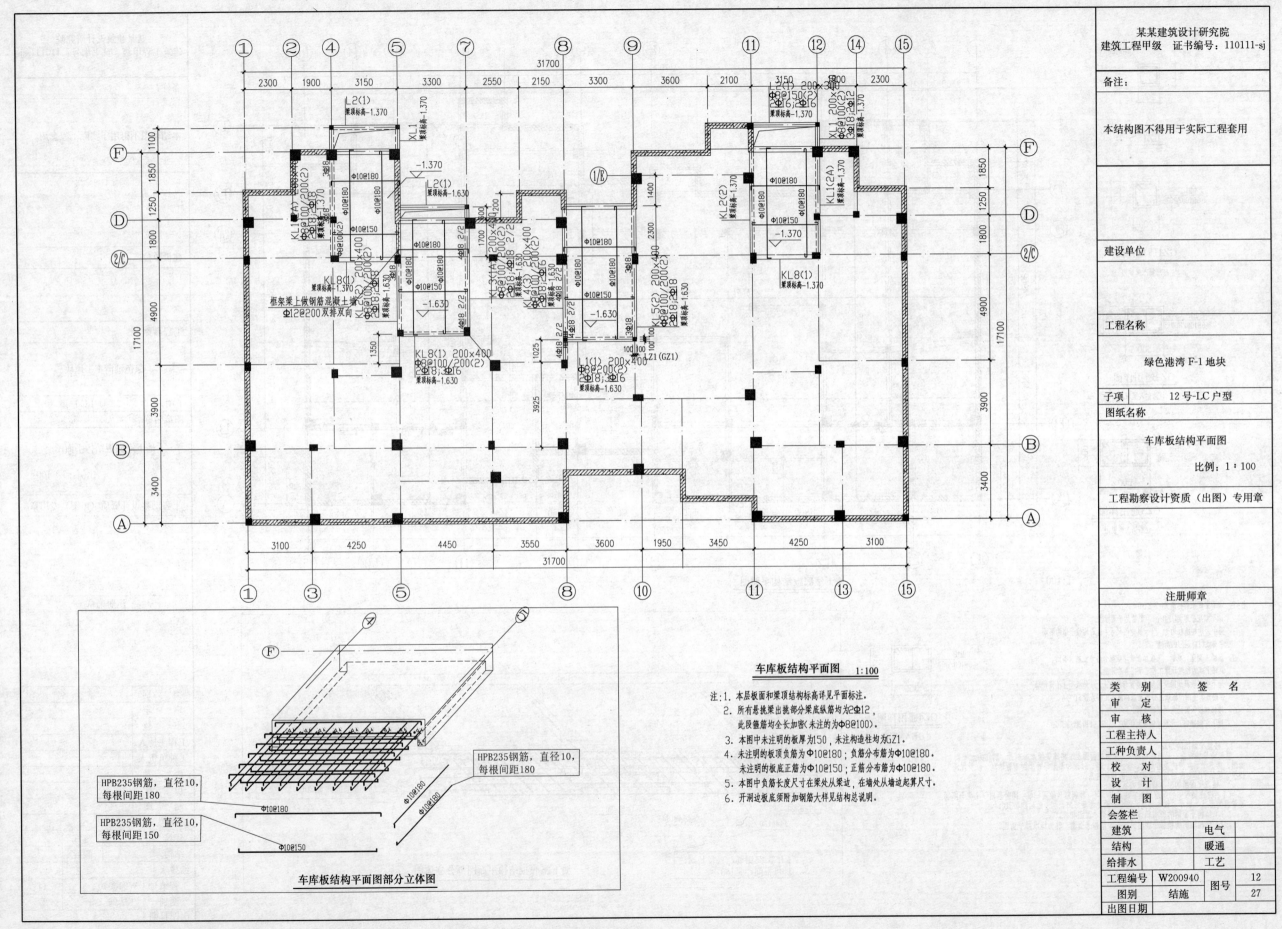

车库板结构平面图 1:100

某某建筑设计研究院
建筑工程甲级 证书编号：110111-sj

备注：

本结构图不得用于实际工程套用

建设单位

工程名称

绿色港湾 F-1 地块

子项　12 号-LC 户型

图纸名称

车库板结构平面图

比例：1：100

工程勘察设计资质（出图）专用章

注册师章

注：1. 本层板面和梁顶结构标高详见平面标注。
　2. 所有悬挑梁出挑部分梁底纵筋均为2Φ12，
　　此段箍筋均全长加密（未注的为Φ8@100）。
　3. 本图中未注明的板厚为150，未注构造柱均为GZ1。
　4. 未注明的板顶负筋为Φ10@180；负筋分布筋为Φ10@180。
　　未注明的板底正筋为Φ10@150；正筋分布筋为Φ10@180。
　5. 本图中负筋长度尺寸在梁处从梁边，在墙处从墙边起算尺寸。
　6. 开洞边板底须附加钢筋大样见结构总说明。

HPB235钢筋，直径10，
每根间距180

HPB235钢筋，直径10，
每根间距180

HPB235钢筋，直径10，
每根间距150

车库板结构平面图部分立体图

类　别	签　名
审　定	
审　核	
工程主持人	
工种负责人	
校　对	
设　计	
制　图	

会签栏
建筑		电气	
结构		暖通	
给排水		工艺	

工程编号	W200940	图号	12
图别	结施		27
出图日期			

36

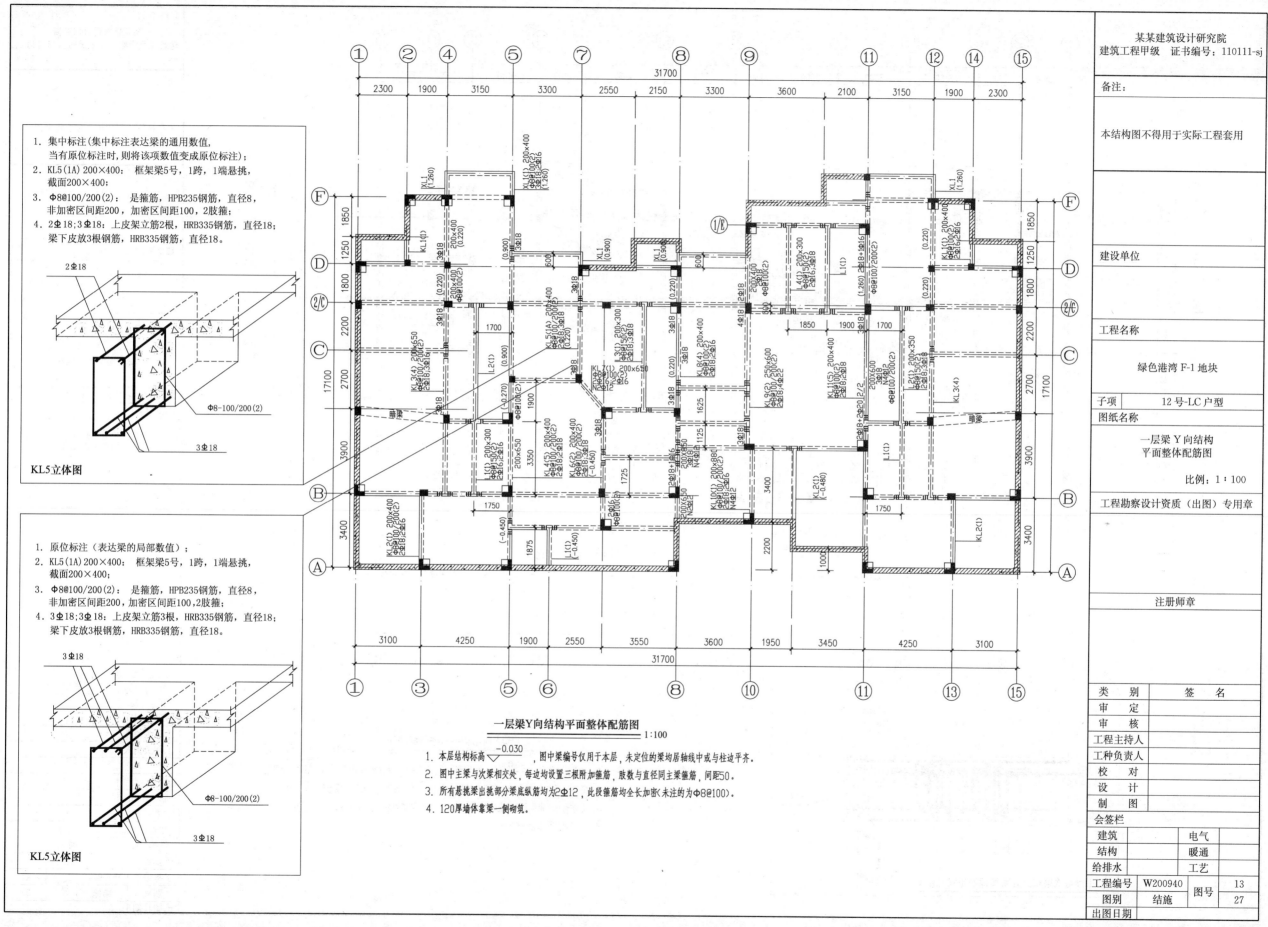

一层梁Y向结构平面整体配筋图

1:100

1. 本层结构标高▽ -0.030 ，图中梁编号仅用于本层，未定位的梁均居轴线中或与柱边平齐。

2. 图中主梁与次梁相交处，每边均设置三根附加箍筋，肢数与直径同主梁箍筋，间距50。

3. 所有悬挑梁出挑部分梁底纵筋均为2Φ12，此段箍筋均全长加密（未注的为Φ8@100）。

4. 120厚墙体靠梁一侧砌筑。

上方说明框

1. 集中标注(集中标注表达梁的通用数值，当有原位标注时，则将该项数值变成原位标注)；

2. KL5(1A) 200×400： 框架梁5号，1跨，1端悬挑，截面200×400；

3. Φ8@100/200(2)： 是箍筋，HPB235钢筋，直径8，非加密区间距200，加密区间距100，2肢箍；

4. 2Φ18；3Φ18：上皮架立筋2根，HRB335钢筋，直径18；梁下皮放3根钢筋，HRB335钢筋，直径18。

KL5立体图

下方说明框

1. 原位标注(表达梁的局部数值)；

2. KL5(1A) 200×400：框架梁5号，1跨，1端悬挑，截面200×400；

3. Φ8@100/200(2)： 是箍筋，HPB235钢筋，直径8，非加密区间距200，加密区间距100，2肢箍；

4. 3Φ18；3Φ18：上皮架立筋3根，HRB335钢筋，直径18；梁下皮放3根钢筋，HRB335钢筋，直径18。

KL5立体图

图签栏

某某建筑设计研究院
建筑工程甲级 证书编号：110111-sj

备注：

本结构图不得用于实际工程套用

建设单位

工程名称

绿色港湾 F-1 地块

子项 12 号-LC 户型

图纸名称

一层梁 Y 向结构平面整体配筋图

比例：1：100

工程勘察设计资质（出图）专用章

注册师章

类 别	签 名
审 定	
审 核	
工程主持人	
工种负责人	
校 对	
设 计	
制 图	

会签栏

建筑		电气	
结构		暖通	
给排水		工艺	

工程编号	W200940	图号	13
图别	结施		27
出图日期			

37

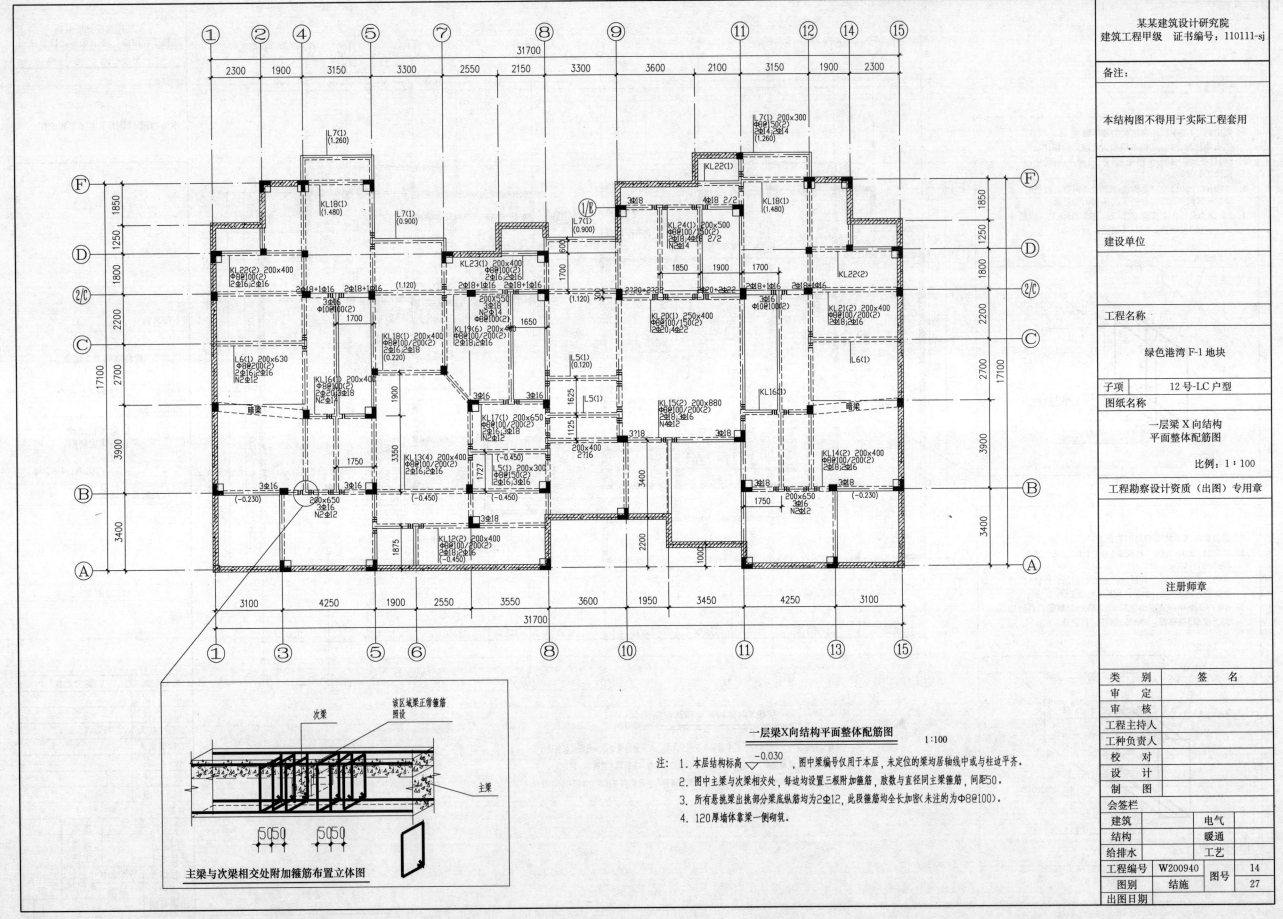

某某建筑设计研究院
建筑工程甲级 证书编号：110111-sj

备注：

本结构图不得用于实际工程套用

建设单位

工程名称

绿色港湾 F-1 地块

子项　12 号-LC 户型

图纸名称

一层梁 X 向结构
平面整体配筋图

比例：1：100

工程勘察设计资质（出图）专用章

注册师章

一层梁X向结构平面整体配筋图　1:100

注：1. 本层结构标高 ∇ -0.030，图中梁编号仅用于本层，未定位的梁均居轴线中或与柱边平齐。

2. 图中主梁与次梁相交处，每边均设置三根附加箍筋，肢数与直径同主梁箍筋，间距50。

3. 所有悬挑梁出挑部分梁底纵筋均为2Φ12，此段箍筋均全长加密（未注的为Φ8@100）。

4. 120厚墙体靠梁一侧砌筑。

主梁与次梁相交处附加箍筋布置立体图

类　别	签　名		
审　定			
审　核			
工程主持人			
工种负责人			
校　对			
设　计			
制　图			
会签栏			
建筑		电气	
结构		暖通	
给排水		工艺	
工程编号	W200940	图号	14
图别	结施		27
出图日期			

38

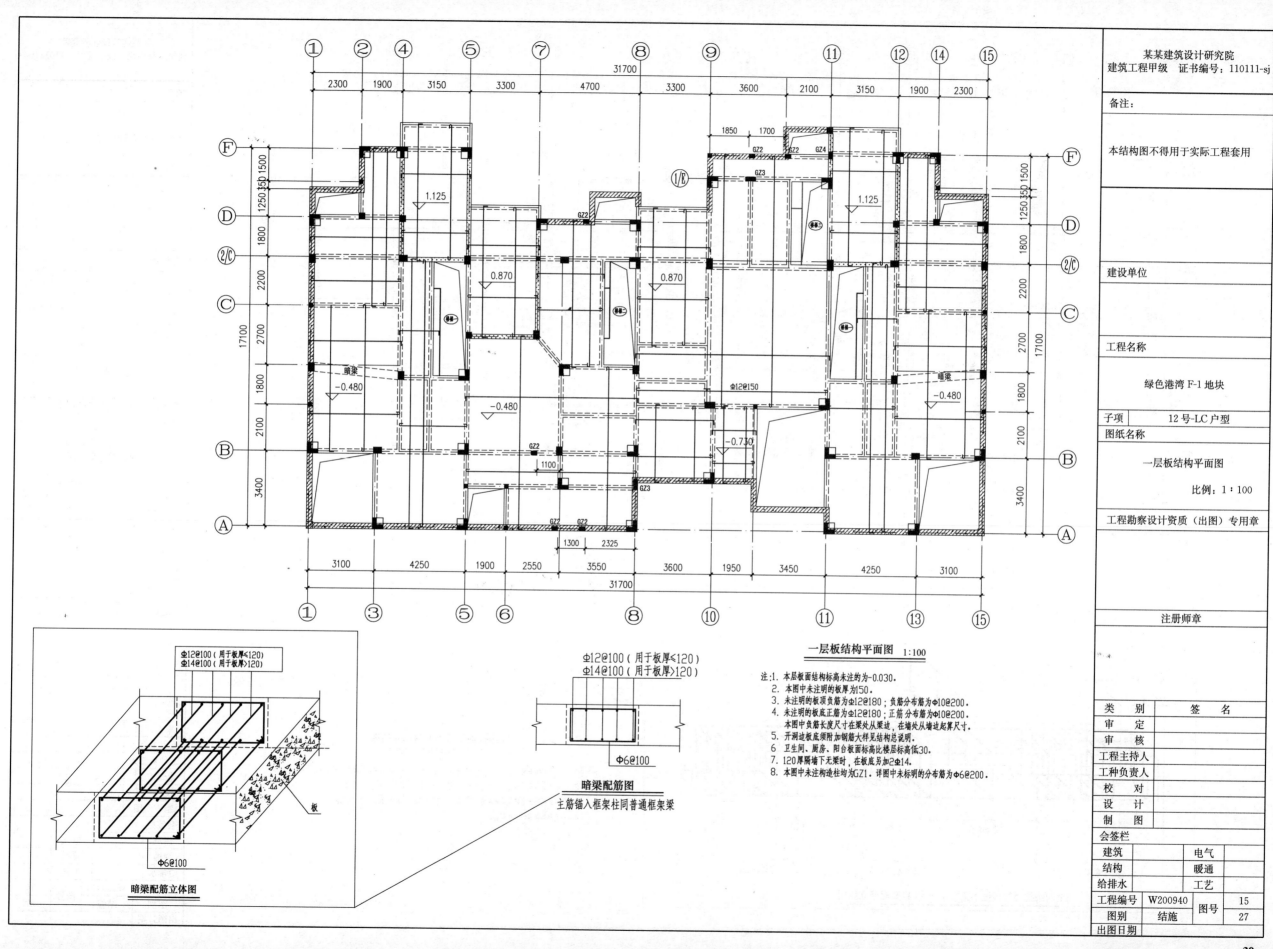

一层结构平面图 1:100

注:1. 本层板面结构标高未注的为-0.030。
2. 本图中未注明的板厚为150。
3. 未注明的板顶负筋为Φ12@180;负筋分布筋为Φ10@200。
4. 未注明的板底正筋为Φ12@180;正筋分布筋为Φ10@200。
 本图中负筋长度尺寸在梁处从梁边,在墙处从墙边起算尺寸。
5. 开洞边板底须附加钢筋大样见结构总说明。
6. 卫生间、厨房、阳台板面标高比楼层标高低30。
7. 120厚隔墙下无梁时,在板底另加2Φ14。
8. 本图中未注构造柱均为GZ1。详图中未标明的分布筋为Φ6@200。

Φ12@100（用于板厚≤120）
Φ14@100（用于板厚>120）

Φ6@100

暗梁配筋立体图

Φ12@100（用于板厚≤120）
Φ14@100（用于板厚>120）

Φ6@100

暗梁配筋图
主筋锚入框架柱同普通框架梁

某某建筑设计研究院
建筑工程甲级 证书编号: 110111-sj

备注:

本结构图不得用于实际工程套用

建设单位

工程名称

绿色港湾 F-1 地块

子项   12号-LC户型
图纸名称

一层板结构平面图

比例: 1:100

工程勘察设计资质（出图）专用章

注册师章

类 别	签 名
审 定	
审 核	
工程主持人	
工种负责人	
校 对	
设 计	
制 图	

会签栏

建筑	电气
结构	暖通
给排水	工艺

工程编号	W200940	图号	15
图别	结施		27
出图日期			

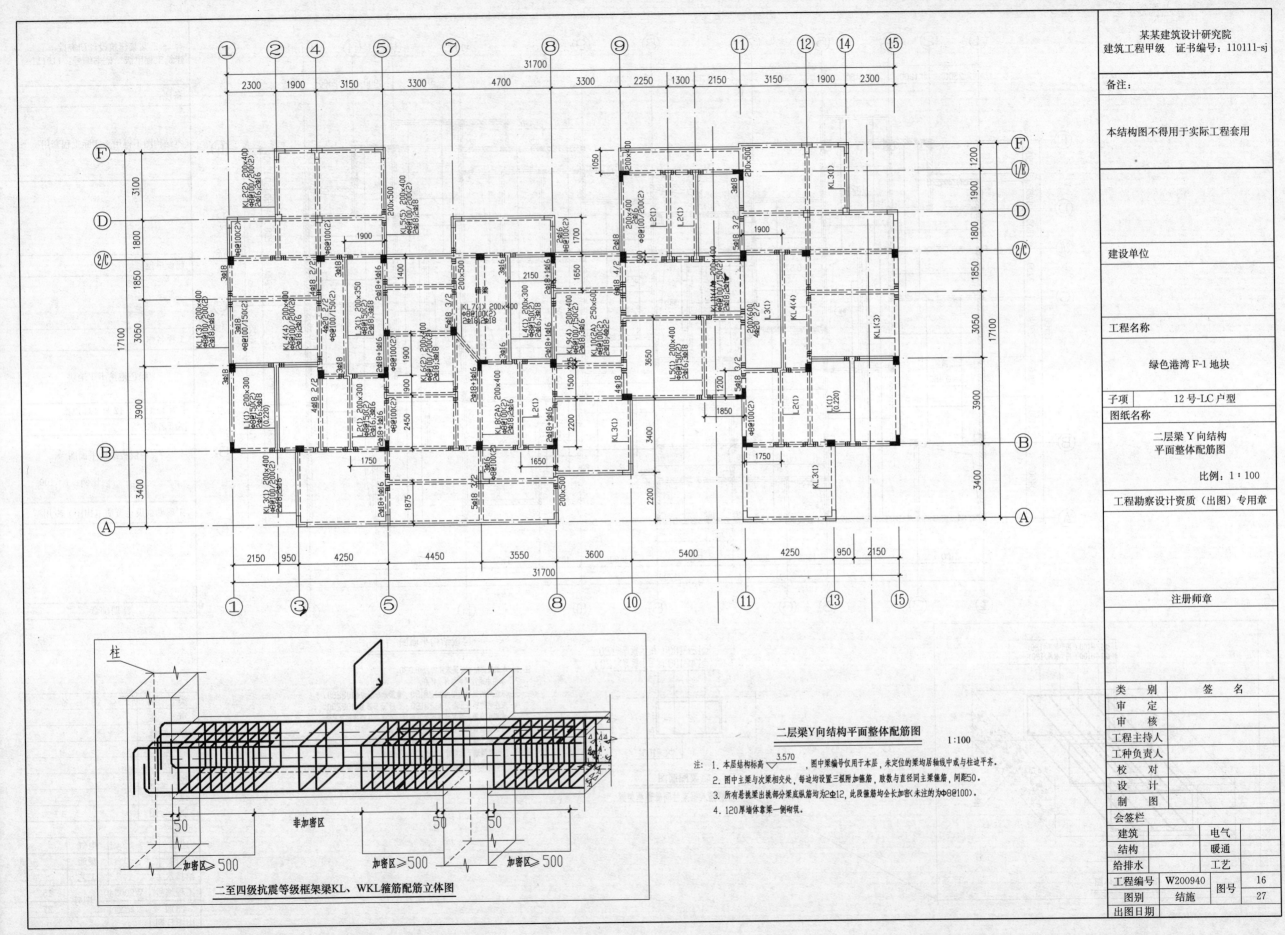

二层梁Y向结构平面整体配筋图 1:100

注: 1. 本层结构标高 ▽3.570 图中梁编号仅用于本层，未定位的梁均居轴线中或与柱边平齐。
2. 图中主梁与次梁相交处，每边均设置三根附加箍筋，肢数与直径同主梁箍筋，间距50。
3. 所有悬挑梁出挑部分梁底纵筋均为2Φ12，此段箍筋均全长加密(未注的为Φ8@100)。
4. 120厚墙喜梁一侧砌筑。

二至四级抗震等级框架梁KL、WKL箍筋配筋立体图

某某建筑设计研究院
建筑工程甲级　证书编号：110111-sj

备注：

本结构图不得用于实际工程套用

建设单位

工程名称

绿色港湾 F-1 地块

子项　12号-LC户型

图纸名称

二层梁 Y 向结构
平面整体配筋图

比例：1：100

工程勘察设计资质（出图）专用章

注册师章

类　别	签　名		
审　定			
审　核			
工程主持人			
工种负责人			
校　对			
设　计			
制　图			

会签栏

建筑		电气	
结构		暖通	
给排水		工艺	

工程编号	W200940	图号	16
图别	结施		27
出图日期			

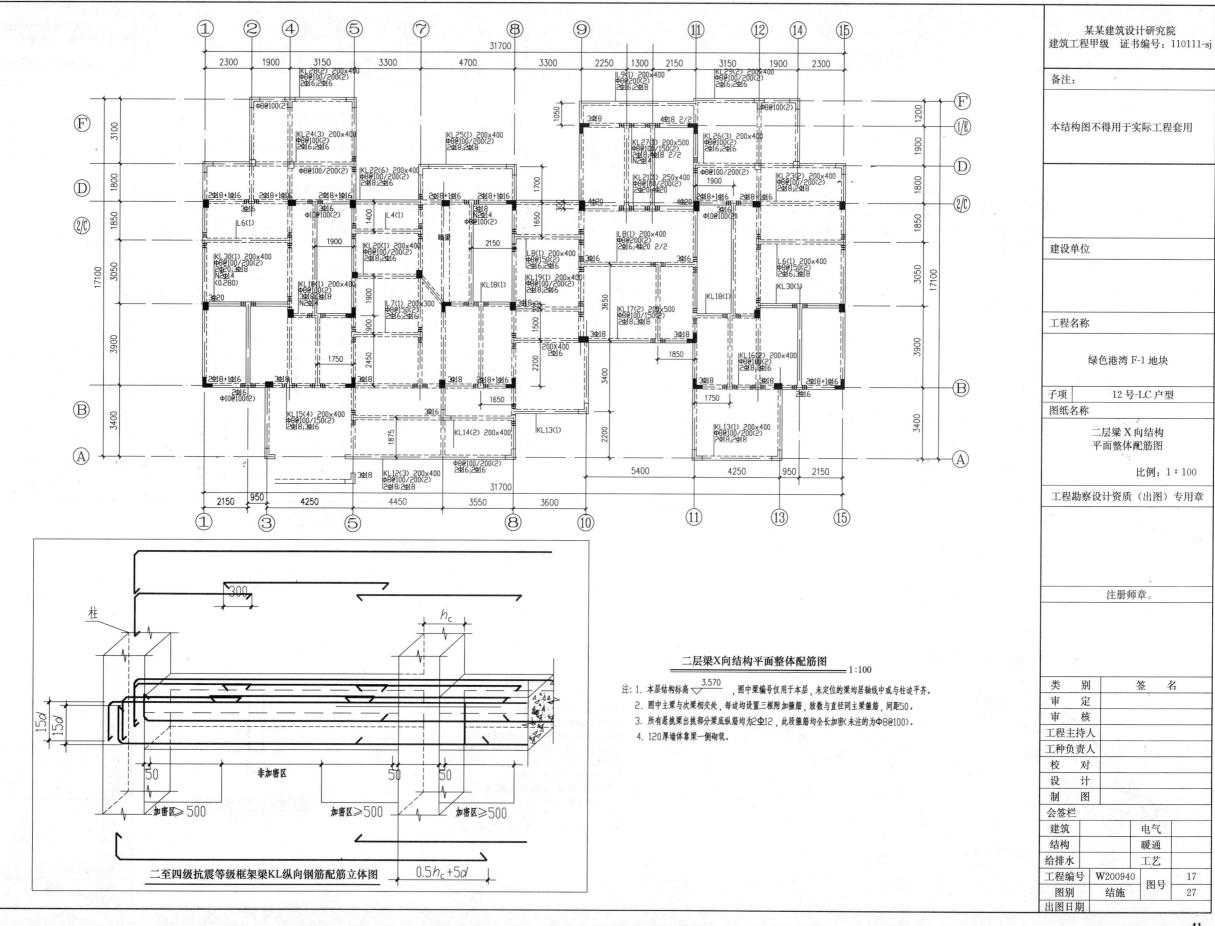

二层梁X向结构平面整体配筋图 1:100

注: 1. 本层结构标高 ▽ 3.570 ，图中梁编号仅用于本层，未定位的梁均居轴线中或与柱边平齐。
2. 图中主梁与次梁相交处，每边均设置三根附加箍筋，肢数与直径同主梁箍筋，间距50。
3. 所有出挑梁出挑部分梁底纵筋均为2Φ12，此段箍筋均全长加密（未注的为Φ8@100）。
4. 120厚墙体靠梁一侧砌筑。

二至四级抗震等级框架梁KL纵向钢筋配筋立体图

某某建筑设计研究院
建筑工程甲级 证书编号：110111-sj

备注：

本结构图不得用于实际工程套用

建设单位

工程名称

绿色港湾 F-1 地块

子项 | 12 号-LC 户型

图纸名称

二层梁 X 向结构
平面整体配筋图

比例：1：100

工程勘察设计资质（出图）专用章

注册师章

类 别	签 名
审 定	
审 核	
工程主持人	
工种负责人	
校 对	
设 计	
制 图	

会签栏
建筑	电气
结构	暖通
给排水	工艺

工程编号 W200940 图号 17
图别 结施 27
出图日期

41

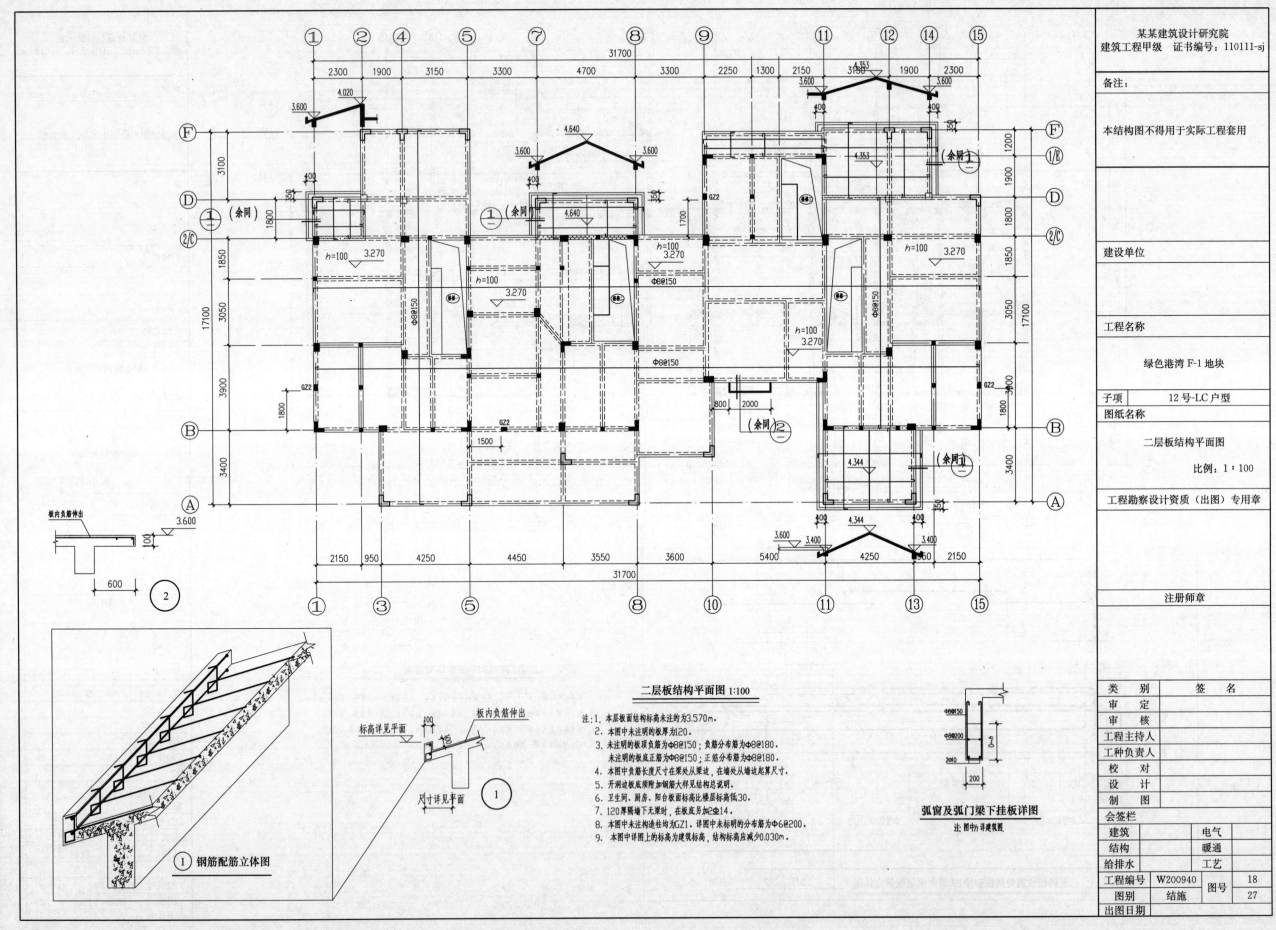

某某建筑设计研究院
建筑工程甲级 证书编号：110111-sj

备注：

本结构图不得用于实际工程套用

建设单位

工程名称

绿色港湾 F-1 地块

| 子项 | 12 号-LC 户型 |
图纸名称

二层板结构平面图

比例：1：100

工程勘察设计资质（出图）专用章

注册师章

二层板结构平面图 1:100

注：1. 本层板面结构标高未注的为3.570m。
2. 本图中未注明的板厚为120。
3. 未注明的板顶负筋为Φ8@150；负筋分布筋为Φ8@180。
   未注明的板底正筋为Φ8@150；正筋分布筋为Φ8@180。
4. 本图中负筋长度尺寸在梁处从梁边，在墙处从墙边起算尺寸。
5. 开洞边板须附加钢筋大样见结构总说明。
6. 卫生间、厨房、阳台板面标高比楼层标高低30。
7. 120厚隔墙下无梁时，在板底另加2Φ14。
8. 本图中未注构造柱均为GZ1。详图中未标明的分布筋为Φ6@200。
9. 本图中详图上的标高为建筑标高，结构标高应减少0.030m。

① 钢筋配筋立体图

弧窗及弧门梁下挂板详图

注：图中为详建筑图

类 别	签 名
审 定	
审 核	
工程主持人	
工种负责人	
校 对	
设 计	
制 图	

会签栏

建筑		电气	
结构		暖通	
给排水		工艺	

工程编号	W200940	图号	18
图别	结施		27
出图日期			

42

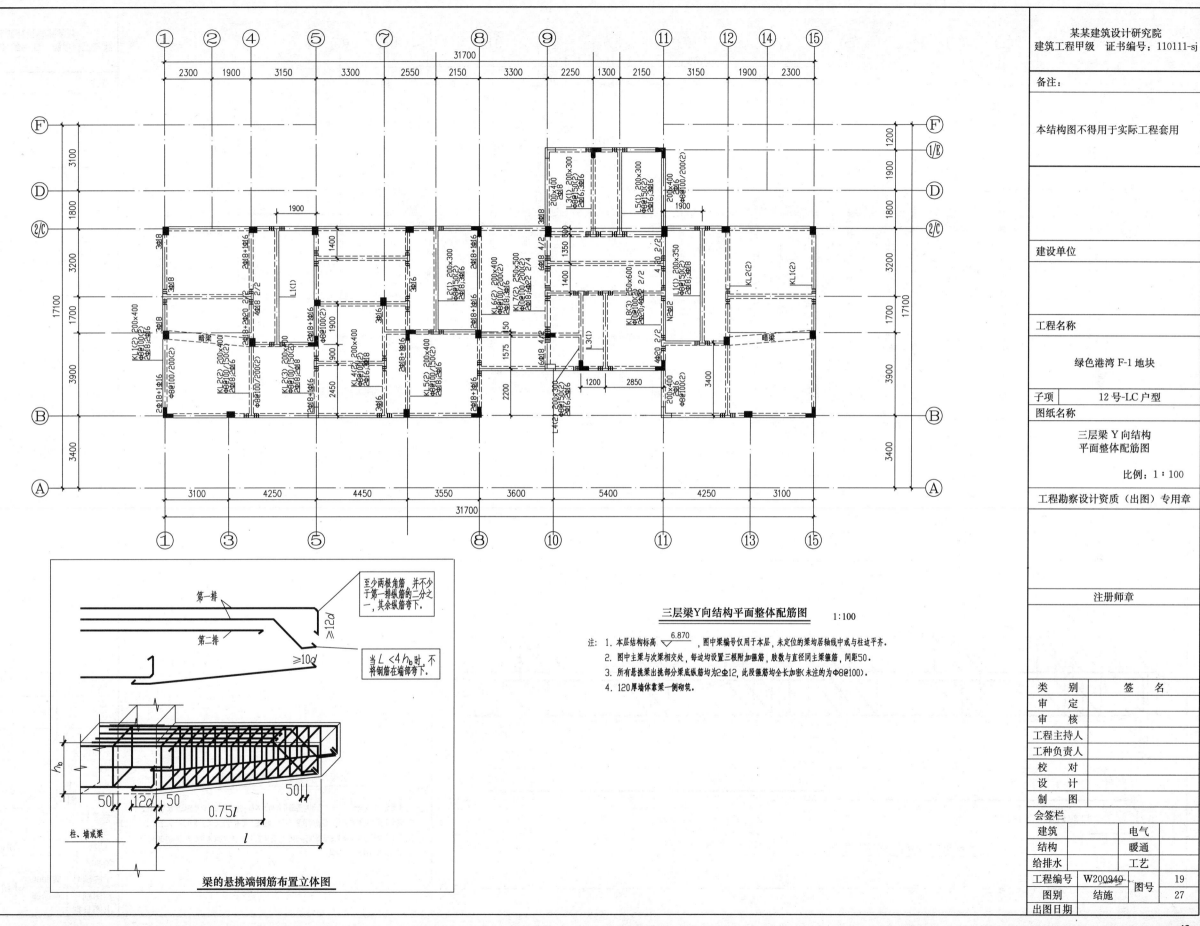

三层梁Y向结构平面整体配筋图 1:100

注： 1. 本层结构标高 ▽ 6.870 ，图中梁编号仅用于本层，未定位的梁均居轴线中或与柱边平齐。

2. 图中主梁与次梁相交处，每边均设置三根附加箍筋，肢数与直径同主梁箍筋，间距50。

3. 所有悬挑梁出挑部分梁底纵筋均为2Φ12，此段箍筋均全长加密（未注的为Φ8@100）。

4. 120厚墙体靠梁一侧砌筑。

梁的悬挑端钢筋布置立体图

至少两根角筋，并不少于第一排纵筋的二分之一，其余纵筋弯下。

第一排
第二排
≥12d
≥10d

当 L <4h₀时，不将钢筋在端部弯下。

柱、墙或梁

0.75*l*
l

某某建筑设计研究院
建筑工程甲级 证书编号：110111-sj

备注：

本结构图不得用于实际工程套用

建设单位

工程名称

绿色港湾 F-1 地块

子项 12 号-LC 户型

图纸名称

三层梁 Y 向结构
平面整体配筋图

比例：1：100

工程勘察设计资质（出图）专用章

注册师章

类 别	签 名		
审 定			
审 核			
工程主持人			
工种负责人			
校 对			
设 计			
制 图			

会签栏

建筑		电气	
结构		暖通	
给排水		工艺	

工程编号	W200940	图号	19
图别	结施		27
出图日期			

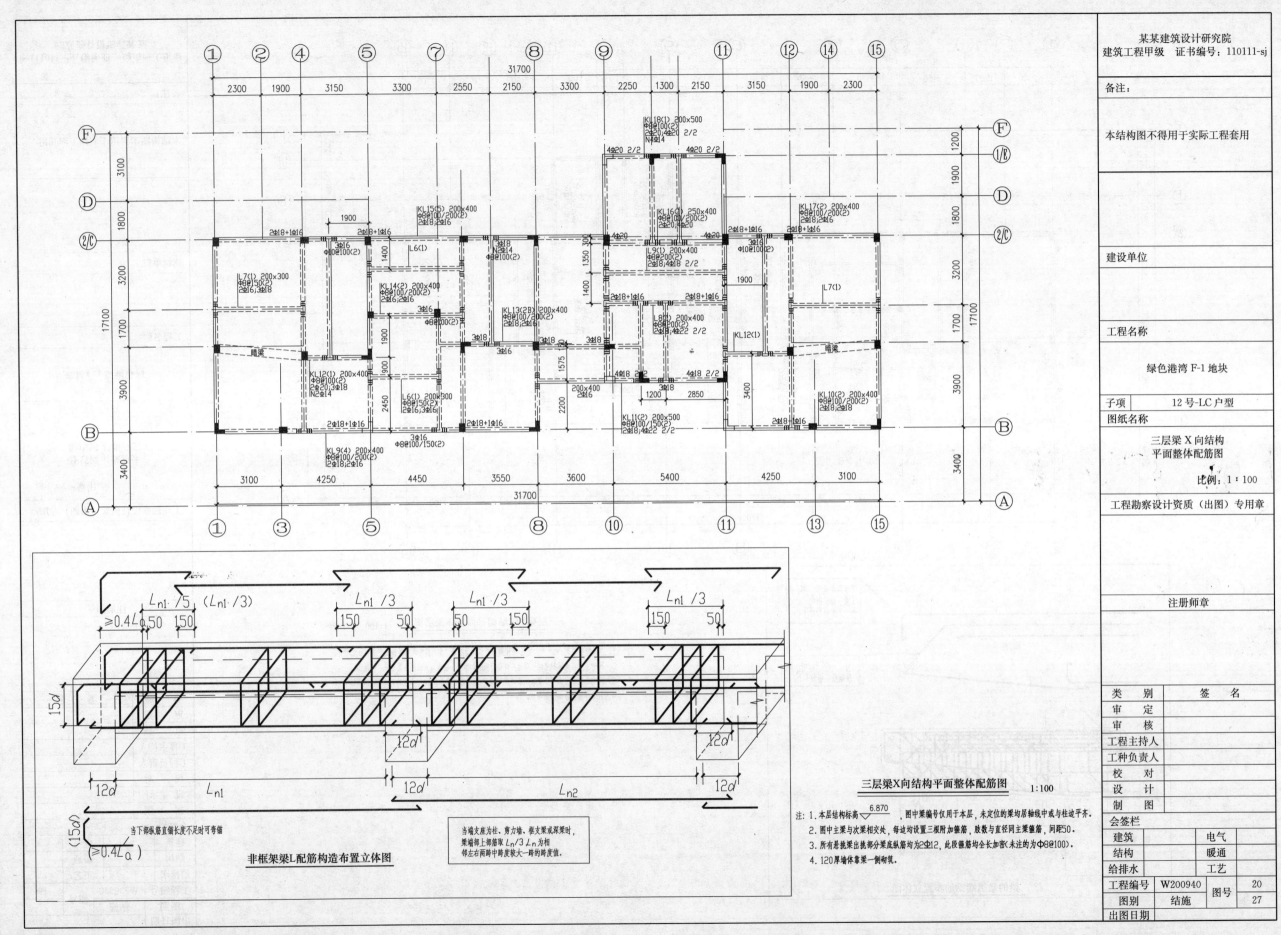

某某建筑设计研究院
建筑工程甲级 证书编号：110111-sj

备注：

本结构图不得用于实际工程套用

建设单位

工程名称

绿色港湾 F-1 地块

子项 12号-LC 户型

图纸名称

三层梁 X 向结构
平面整体配筋图

比例：1：100

工程勘察设计资质（出图）专用章

注册师章

类别	签 名		
审 定			
审 核			
工程主持人			
工种负责人			
校 对			
设 计			
制 图			
会签栏			
建筑		电气	
结构		暖通	
给排水		工艺	

工程编号	W200940	图号	20
图别	结施		27
出图日期			

三层梁X向结构平面整体配筋图   1：100

非框架梁L配筋构造布置立体图

注：1.本层结构标高▽6.870，图中梁编号仅用于本层，未定位的梁均居轴线中或与柱边平齐。
2.图中主梁与次梁相交处，每边均设置三根附加箍筋，肢数与直径同主梁箍筋，间距50。
3.所有悬挑梁出挑部分梁底纵筋均为2Φ12，此段箍筋均全长加密（未注的为Φ8@100）。
4.120厚墙体靠梁一侧布筑。

44

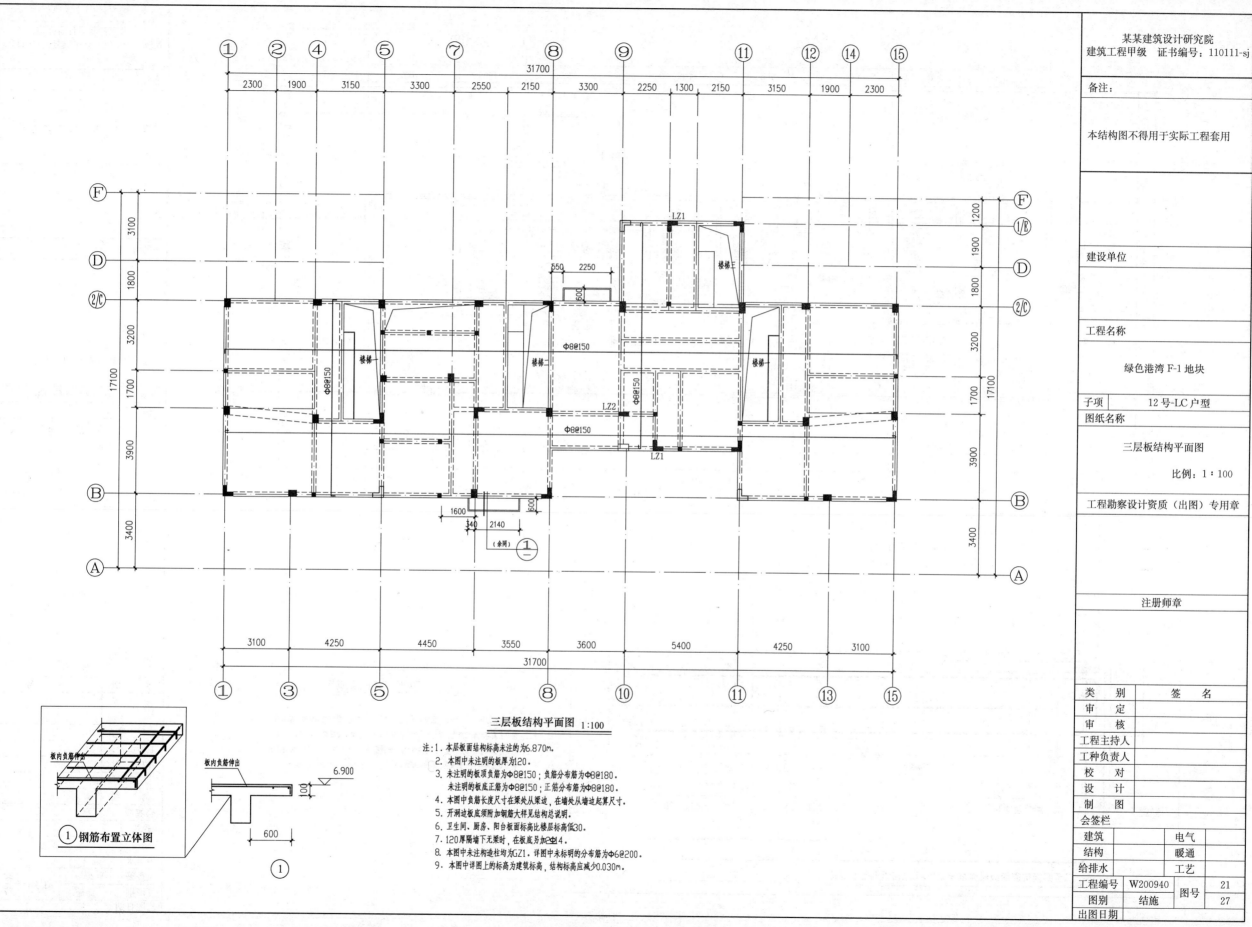

三层板结构平面图 1:100

① 钢筋布置立体图

注：1. 本层板面结构标高未注的为6.870m。
2. 本图中未注明的板厚为120。
3. 未注明的板顶负筋为Φ8@150；负筋分布筋为Φ8@180。
   未注明的板底正筋为Φ8@150；正筋分布筋为Φ8@180。
4. 本图中负筋长度尺寸在梁处从梁边，在墙处从墙边起算尺寸。
5. 开洞边板底须附加钢筋大样见结施总说明。
6. 卫生间、厨房、阳台板面标高比楼层标高低30。
7. 120厚隔墙下无梁时，在板底另加2Φ14。
8. 本图中未注明构造柱均为GZ1。详图中未标明的分布筋为Φ6@200。
9. 本图中详图上的标高为建筑标高，结构标高应减少0.030m。

某某建筑设计研究院
建筑工程甲级　证书编号：110111-sj

备注：

本结构图不得用于实际工程套用

建设单位

工程名称

绿色港湾 F-1 地块

子项　12号-LC户型

图纸名称

三层板结构平面图

比例：1：100

工程勘察设计资质（出图）专用章

注册师章

类　别	签　名		
审　定			
审　核			
工程主持人			
工种负责人			
校　对			
设　计			
制　图			
会签栏			
建筑		电气	
结构		暖通	
给排水		工艺	
工程编号	W200940	图号	21
图别	结施		27
出图日期			

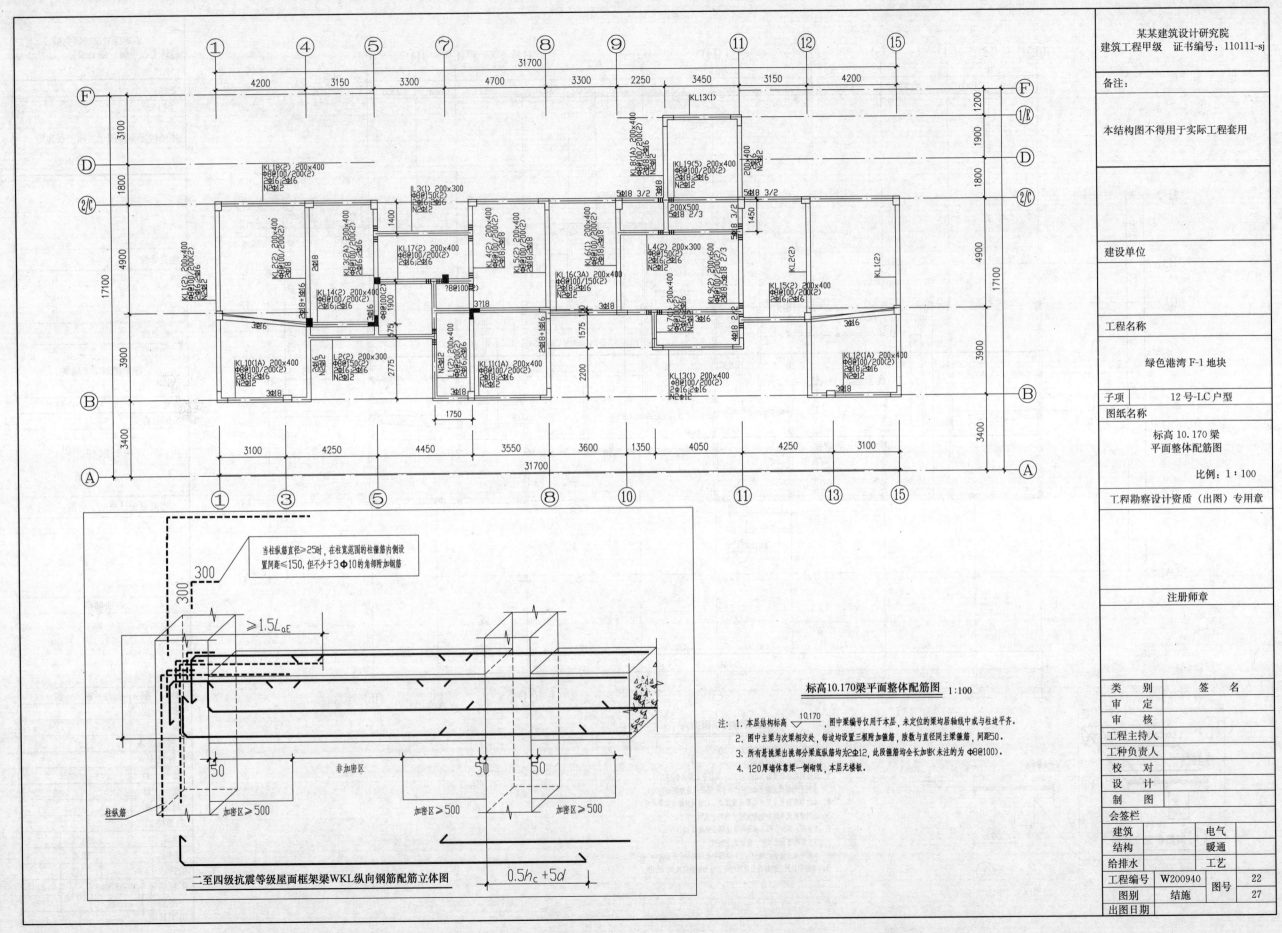

标高10.170梁平面整体配筋图 1:100

注: 1. 本层结构标高 ▽10.170,图中梁编号仅用于本层,未定位的梁均居轴线中或与柱边平齐。
2. 图中主梁与次梁相交处,每边均设置三根附加箍筋,肢数与直径同主梁箍筋,间距50。
3. 所有悬挑梁出挑部分梁底纵筋均为2Φ12,此段箍筋均全长加密(未注的为Φ8@100)。
4. 120厚墙体套梁一侧砌筑,本层无楼板。

当柱纵筋直径≥25时,在柱宽范围的柱箍筋内侧设置间距≤150,但不少于3Φ10的角部附加钢筋

二至四级抗震等级屋面框架梁WKL纵向钢筋配筋立体图

0.5h_c+5d

某某建筑设计研究院
建筑工程甲级 证书编号:110111-sj

备注:

本结构图不得用于实际工程套用

建设单位

工程名称

绿色港湾 F-1 地块

子项 12号-LC户型

图纸名称

标高 10.170 梁
平面整体配筋图

比例:1:100

工程勘察设计资质(出图)专用章

注册师章

类 别	签 名		
审 定			
审 核			
工程主持人			
工种负责人			
校 对			
设 计			
制 图			
会签栏			
建筑		电气	
结构		暖通	
给排水		工艺	

工程编号	W200940	图号	22
图别	结施		27
出图日期			

46

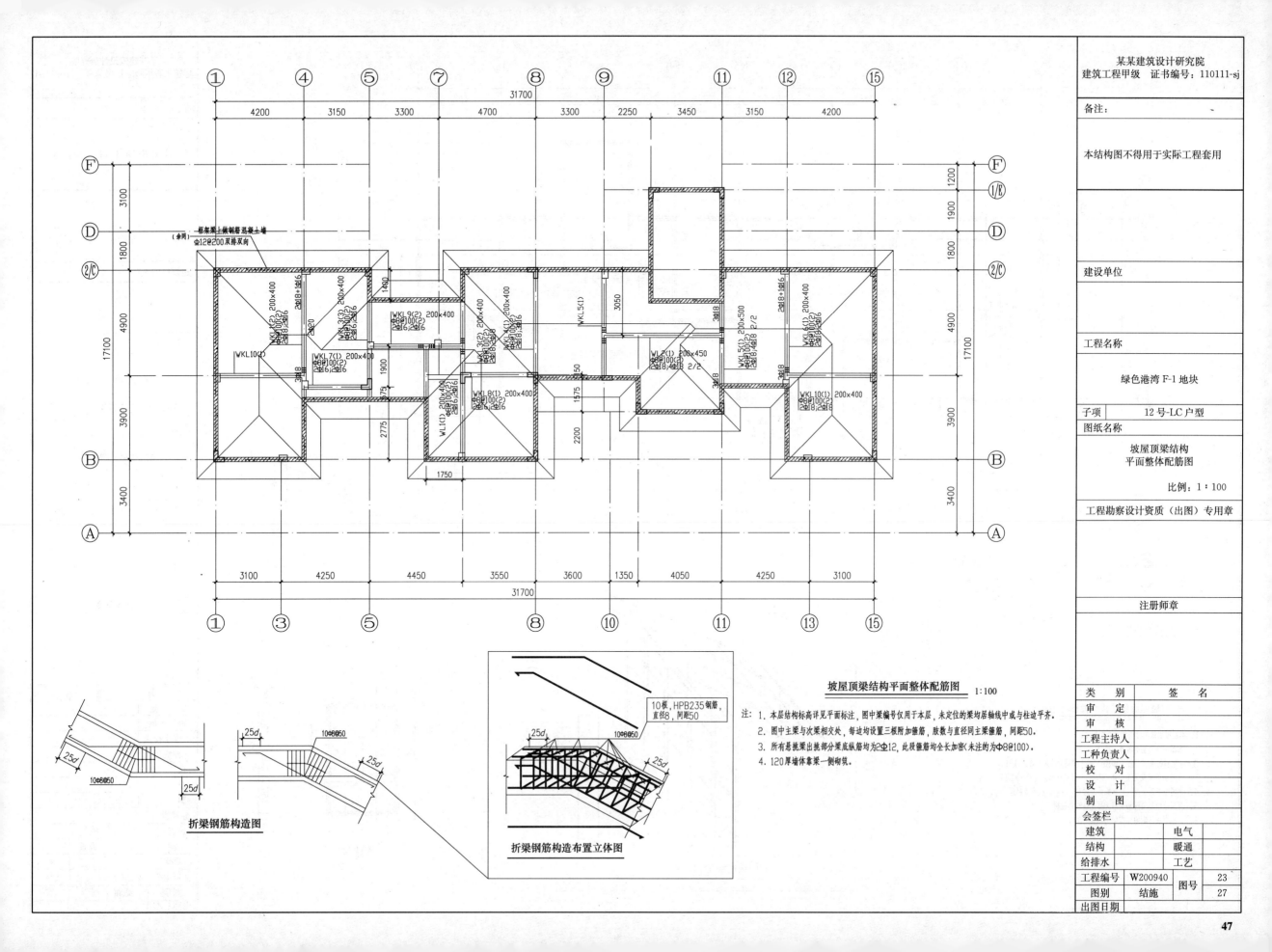

坡屋顶梁结构平面整体配筋图 1:100

注：1. 本层结构标高详见平面标注，图中梁编号仅用于本层，未定位的梁均居轴线中或与柱边平齐。
2. 图中主梁与次梁相交处，每边均设置三根附加箍筋，肢数与直径同主梁箍筋，间距50。
3. 所有悬挑梁出挑部分梁底纵筋均为2Φ12，此段箍筋均全长加密（未注的为Φ8@100）。
4. 120厚墙体靠梁一侧砌筑。

折梁钢筋构造图

折梁钢筋构造布置立体图

10根，HPB235钢筋，直径8，间距50

某某建筑设计研究院
建筑工程甲级 证书编号：110111-sj

备注：

本结构图不得用于实际工程套用

建设单位

工程名称

绿色港湾 F-1 地块

子项　12号-LC户型
图纸名称

坡屋顶梁结构
平面整体配筋图

比例：1：100

工程勘察设计资质（出图）专用章

注册师章

类　别	签　名	
审　定		
审　核		
工程主持人		
工种负责人		
校　对		
设　计		
制　图		
会签栏		
建筑	电气	
结构	暖通	
给排水	工艺	

工程编号	W200940	图号	23
图别	结施		27
出图日期			

47

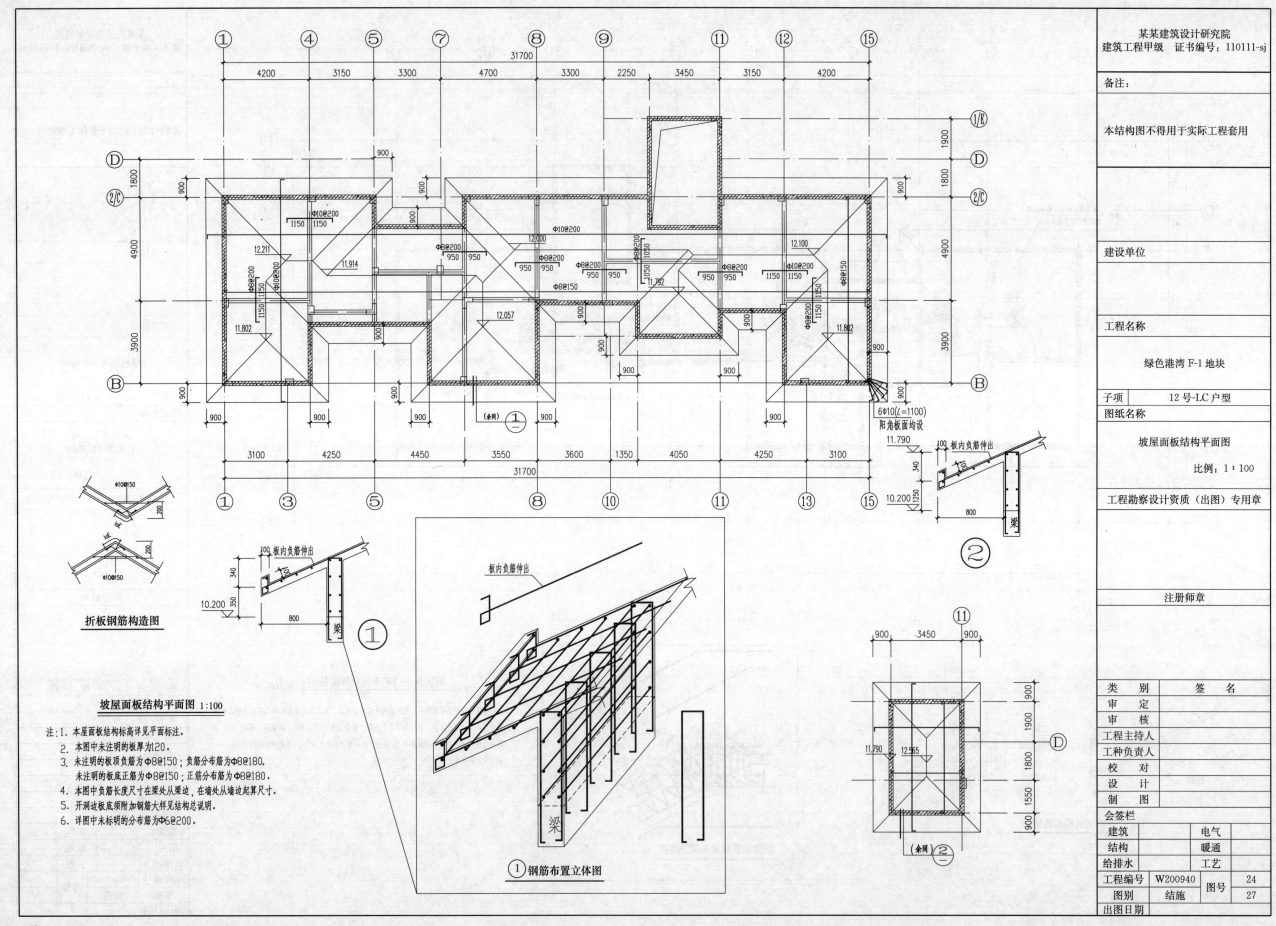

某某建筑设计研究院
建筑工程甲级 证书编号：110111-sj

备注：

本结构图不得用于实际工程套用

建设单位

工程名称

绿色港湾 F-1 地块

| 子项 | 12 号-LC 户型 |

图纸名称

坡屋面板结构平面图

比例：1：100

工程勘察设计资质（出图）专用章

注册师章

折板钢筋构造图

坡屋面板结构平面图 1:100

注：1. 本屋面板结构标高详见平面标注。
2. 本图中未注明的板厚为120。
3. 未注明的板顶负筋为Φ8@150；负筋分布筋为Φ8@180。
未注明的板底正筋为Φ8@150；正筋分布筋为Φ8@180。
4. 本图中负筋长度尺寸在梁处从梁边，在墙处从墙边起算尺寸。
5. 开洞边板底须附加钢筋大样见结构总说明。
6. 详图中未标明的分布筋为Φ6@200。

① 钢筋布置立体图

类别	签名
审定	
审核	
工程主持人	
工种负责人	
校对	
设计	
制图	

会签栏

建筑		电气	
结构		暖通	
给排水		工艺	

工程编号	W200940	图号	24
图别	结施		27
出图日期			

48

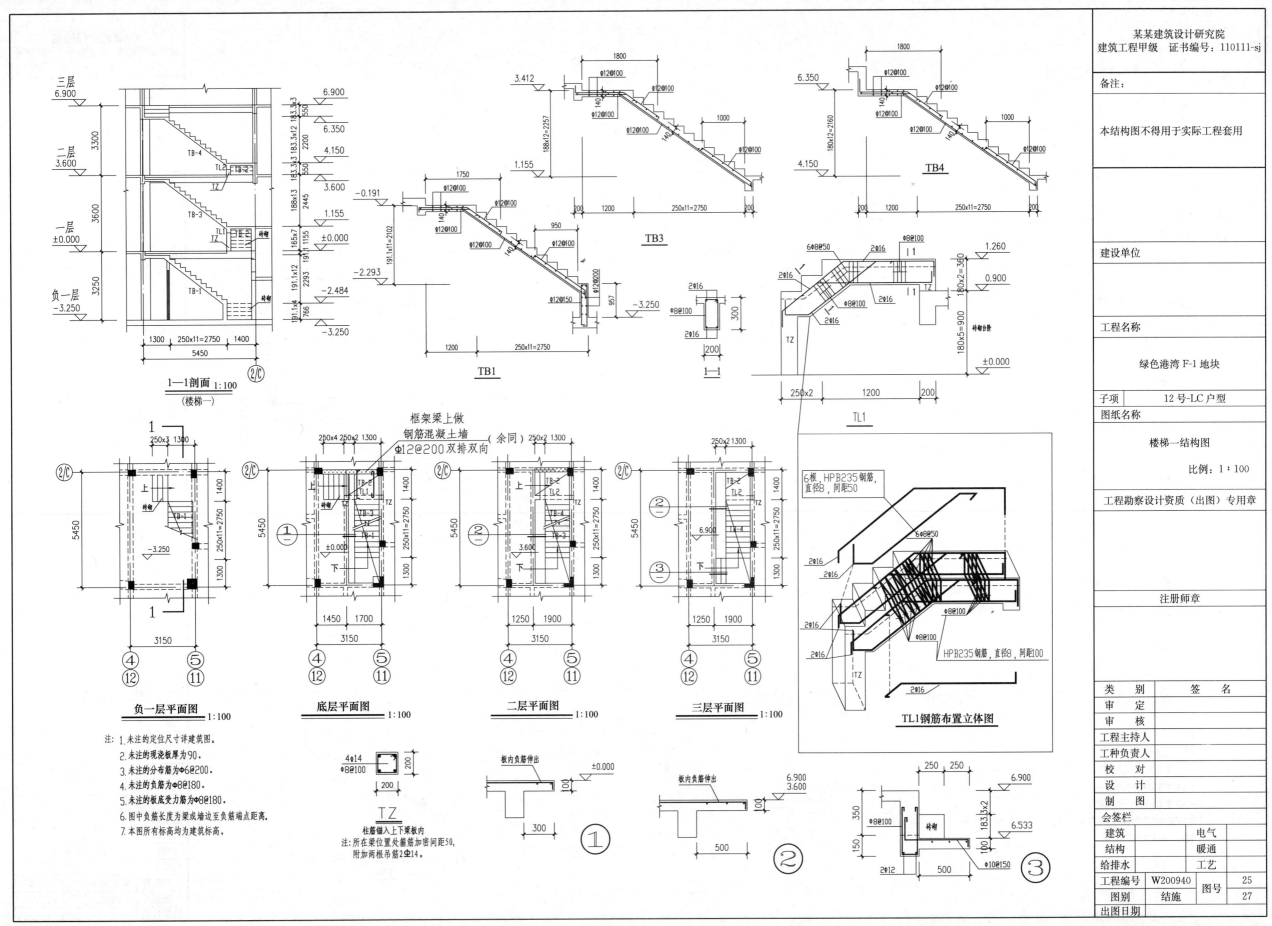

某某建筑设计研究院
建筑工程甲级 证书编号：110111-sj

备注：

本结构图不得用于实际工程套用

建设单位

工程名称

绿色港湾 F-1 地块

子项　12号-LC户型

图纸名称

楼梯一结构图

比例：1：100

工程勘察设计资质（出图）专用章

注册师章

类　别	签　名
审　定	
审　核	
工程主持人	
工种负责人	
校　对	
设　计	
制　图	

会签栏

建筑	电气
结构	暖通
给排水	工艺

工程编号	W200940	图号	25
图别	结施		27
出图日期			

1—1剖面 1:100
（楼梯一）

TB3

TB4

TB1

TL1

TL1钢筋布置立体图

负一层平面图 1:100

底层平面图 1:100

二层平面图 1:100

三层平面图 1:100

框架梁上做
钢筋混凝土墙（余同）
Φ12@200双排双向

TZ

注：所在梁位置处箍筋加密间距50，
附加两根吊筋2Φ14。

①

②

③

注：1.未注的定位尺寸详建筑图。
2.未注的现浇板厚为90。
3.未注的分布筋为Φ6@200。
4.未注的负筋为Φ8@180。
5.未注的板底受力筋为Φ8@180。
6.图中负筋长度自梁或墙边至负筋端点距离。
7.本图所有标高均为建筑标高。

6根，HPB235钢筋，
直径8，间距50

HPB235钢筋，直径8，间距100

49

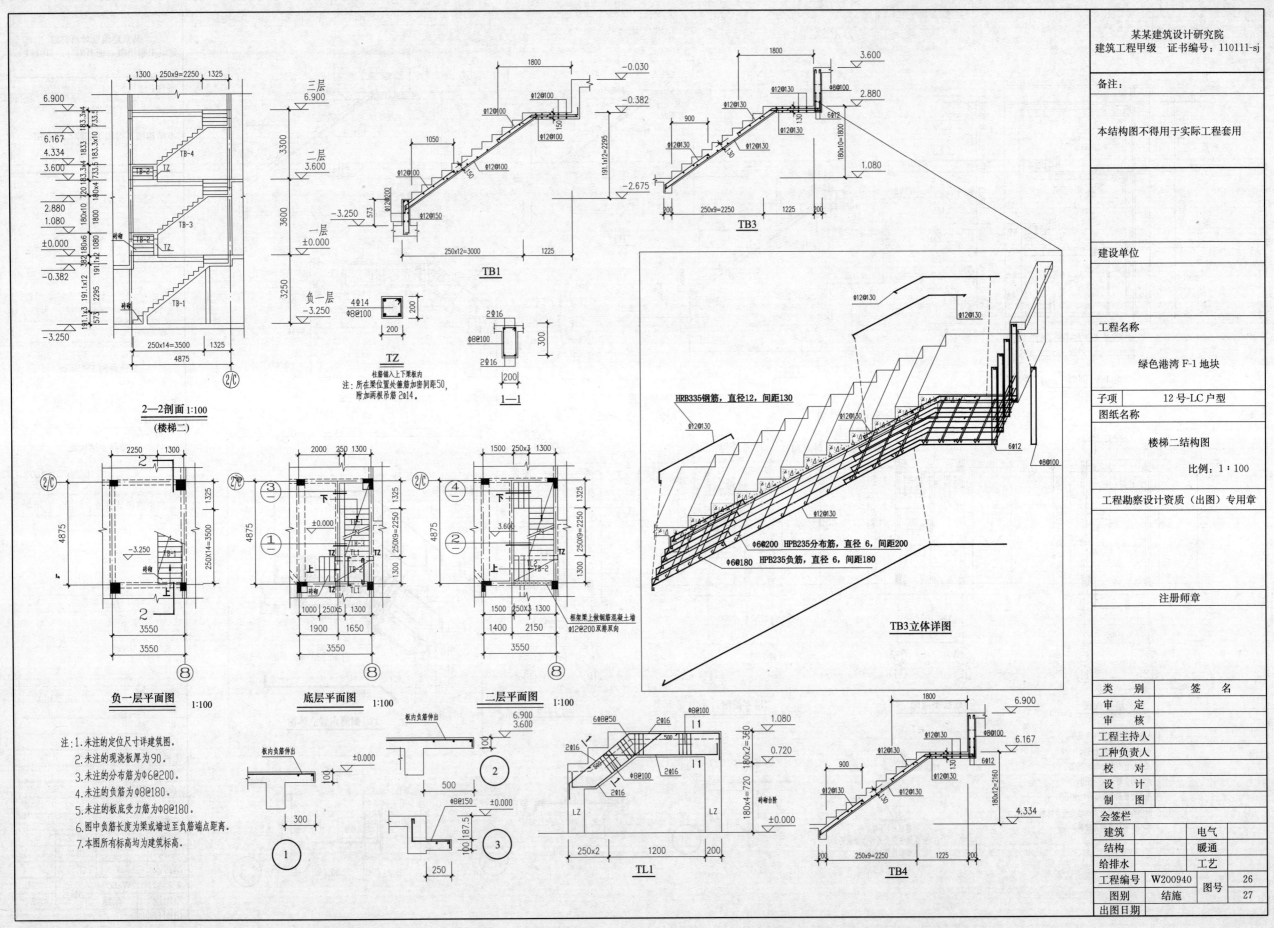

某某建筑设计研究院
建筑工程甲级　证书编号：110111-sj

备注：

本结构图不得用于实际工程套用

建设单位

工程名称

绿色港湾 F-1 地块

子项　12 号-LC 户型

图纸名称

楼梯二结构图

比例：1：100

工程勘察设计资质（出图）专用章

注册师章

类 别	签 名		
审 定			
审 核			
工程主持人			
工种负责人			
校 对			
设 计			
制 图			
会签栏			
建筑		电气	
结构		暖通	
给排水		工艺	

工程编号	W200940	图号	26
图别	结施		27
出图日期			

2—2剖面 1:100
（楼梯二）

TZ
柱筋锚入上下梁板内
注：所在梁位置处箍筋加密间距50，
附加两根吊筋2Φ14。

1—1

TB1

TB3

TB3立体详图

HRB335钢筋，直径12，间距130
Φ6@200 HPB235分布筋，直径6，间距200
Φ6@180 HPB235负筋，直径6，间距180

负一层平面图 1:100

底层平面图 1:100

二层平面图 1:100

注：1.未注的定位尺寸详建筑图。
2.未注的现浇板厚为90。
3.未注的分布筋为Φ6@200。
4.未注的负筋为Φ8@180。
5.未注的板底受力筋为Φ8@180。
6.图中负筋长度为梁或墙边至负筋端点距离。
7.本图所有标高均为建筑标高。

板内负筋伸出

板内负筋伸出

TL1

TB4

50

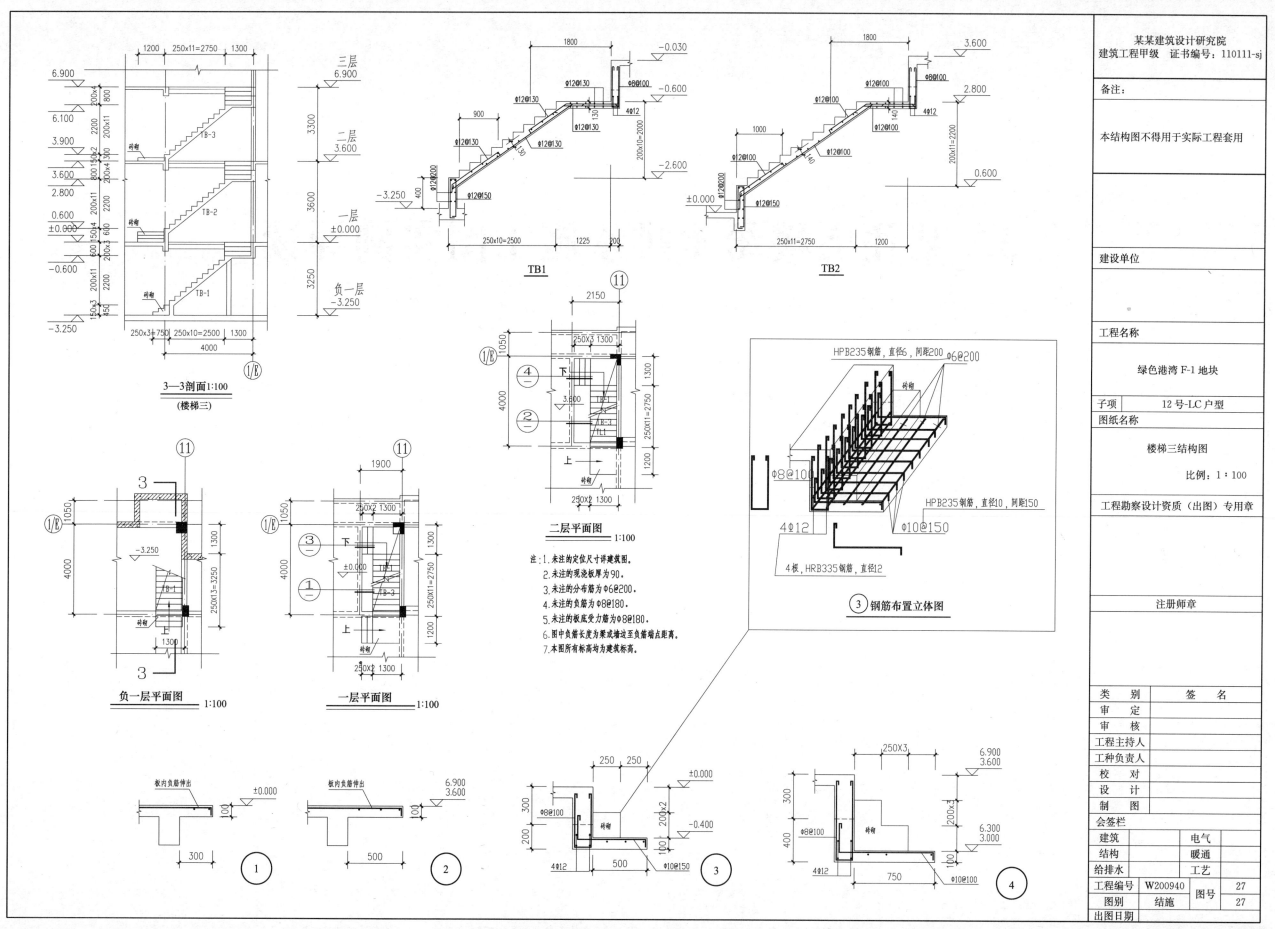

3—3剖面 1:100
(楼梯三)

TB1

TB2

③ 钢筋布置立体图

二层平面图 1:100

负一层平面图 1:100

一层平面图 1:100

注:1.未注的定位尺寸详建筑图。
2.未注的现浇板厚为90。
3.未注的分布筋为Φ6@200。
4.未注的负筋为Φ8@180。
5.未注的板底受力筋为Φ8@180。
6.图中负筋长度为梁或墙过至负筋端点距离。
7.本图所有标高均为建筑标高。

HPB235钢筋,直径6,间距200

HPB235钢筋,直径10,间距150

4根,HRB335钢筋,直径12

① ② ③ ④

某某建筑设计研究院
建筑工程甲级 证书编号:110111-sj

备注:

本结构图不得用于实际工程套用

建设单位

工程名称

绿色港湾 F-1 地块

子项   12号-LC户型

图纸名称

楼梯三结构图
比例:1:100

工程勘察设计资质(出图)专用章

注册师章

类 别	签 名
审 定	
审 核	
工程主持人	
工种负责人	
校 对	
设 计	
制 图	
会签栏	
建筑	电气
结构	暖通
给排水	工艺

工程编号	W200940	图号	27
图别	结施		27
出图日期			

51

3 某住宅楼给水排水施工图实例导读

某某建筑设计研究院

建筑工程甲级　证书编号：110111-sj

给水排水设计说明

1. 工程概况：

绿色港湾 F-1 地块为多栋联排别墅，总高度不超过 24m。

2. 设计依据：

(1) 建设单位提供的本工程有关资料和设计任务书；

(2) 建筑和有关工种提供的作业图和有关资料；

(3) 国家现行有关给水、排水、消防和卫生等设计规范及规程：

《建筑给水排水设计规范》　　GB 50015—2003

《建筑灭火器配置设计规范》　GB 50140—2005

3. 生活给水系统：由室外市政给水管网直接供水。

4. 生活排水系统：本工程污、废水采用合流制，污水经化粪池处理排入小园内污水管道。

5. 雨水排水系统：本工程雨水为有组织外排水，雨水排至雨水井内。

6. 消防系统：

灭火器配置：为轻危险级，每户设置 MF/ABC2 手提式干粉磷酸铵盐灭火器 2 个。

7. 尺寸：本工程单位标高以米计，其余尺寸均以毫米计。给水管以管中心计，排水管以管底计。

8. 管材：

(1) 生活给水管：给水立管采用 PSP 钢塑复合压力管，内外双热熔及法兰连接。卫生间内给水支管采用三型聚丙烯给水管（PP-R S5），热熔连接，卫生间内热水支管采用三型聚丙烯给水管（PP-R S3.5），热熔连接，PP-R 管道均暗敷。

(2) 室内污水立管及支管和雨水管采用 UPVC 排水塑料管，粘接。

排水出户管采用柔性接口排水铸铁管。

9. 设备管道安装与固定：

(1) 设备选择及安装：选用洗涤槽，无沿台式洗脸盆，坐式大便器，淋浴器，安装参见 99S304-23，48，63，83，100。

(2) 排水立管与排水横管连接处，连接角度不得小于 135°，排水立管与排出管端部的连接采用两个 45°。

(3) 室内污水管、雨水管排水横管标准坡度为：i＝0.026。

(4) 沿梁、柱、墙安装的管道除图中注明尺寸外，应遵循规范规定的尺寸尽量贴近梁、柱、墙安装，当管道避让障碍或改变高度时应采用乙字管过渡。

(5) 给水排水立管必须用管箍卡紧固定，详见国标 03S402。

(6) 室内给水管道上的阀门：管径≤DN50 时采用截止阀，管径＞DN50 时采用闸阀，工作压力 1.6MPa。

10. 室外工程：

阀门井施工见皖 90S102，排水检查井施工见皖 90S103，化粪池采用玻璃钢高效生物化粪池，型号为 LGHFC-27。化粪池距建筑外墙距离不宜小于 5m，室外检查井中心距建筑外墙距离不宜小于 3m，井盖均考虑行车。

11. 管道防腐、保温：

室外屋顶明露给水管采用聚乙烯泡沫制品保温，厚 30mm，外包铝箔；详见国标 03S401。

12. 水压试验：

(1) 市政室内冷水给水管试验压力为 1.0MPa。

(2) 排水管安装完成后做灌水及通球试验。

13. 除本设计说明外，还应遵循《建筑给水排水及采暖工程施工质量验收规范》（GB 500242—2002）执行。

14. 管道对照表

名称 PP-R 管

公称管径	DN15	DN20	DN25	DN32	DN40	DN50	DN70	DN80	DN100
常规表示	De20	De25	De32	De40	De50	De65	De75	De90	De110

名称 UPV-C 管

公称管径			DN50	DN75	DN100	DN150			
常规表示			de50	de75	de110	de160			

图例：

——－－－ 给水管	NL-* 冷凝水立管	⊚ T 清扫口
污水管	YTL-* 阳台雨水立管	雨水斗
雨水管	雨 雨水井	阀门井
冷凝水管	污 污水井	
JL-* 给水立管	⊙ 台式洗脸盆	
WL-* 污水立管	坐式大便器	
YL-* 雨水立管	⦸ Y 地漏	

备注：

建设单位

工程名称

绿色港湾 F-1 地块

子项　12LC 户型

图纸名称

设计说明

工程勘察设计资质（出图）专用章

注册师章

类　别	签　名
审　定	
审　核	
工程主持人	
工种负责人	
校　对	
设　计	
制　图	

会签栏

建筑		电气	
结构		暖通	
给排水		工艺	

工程编号		图号	1
图别	水施		8
出图日期	2010.3		

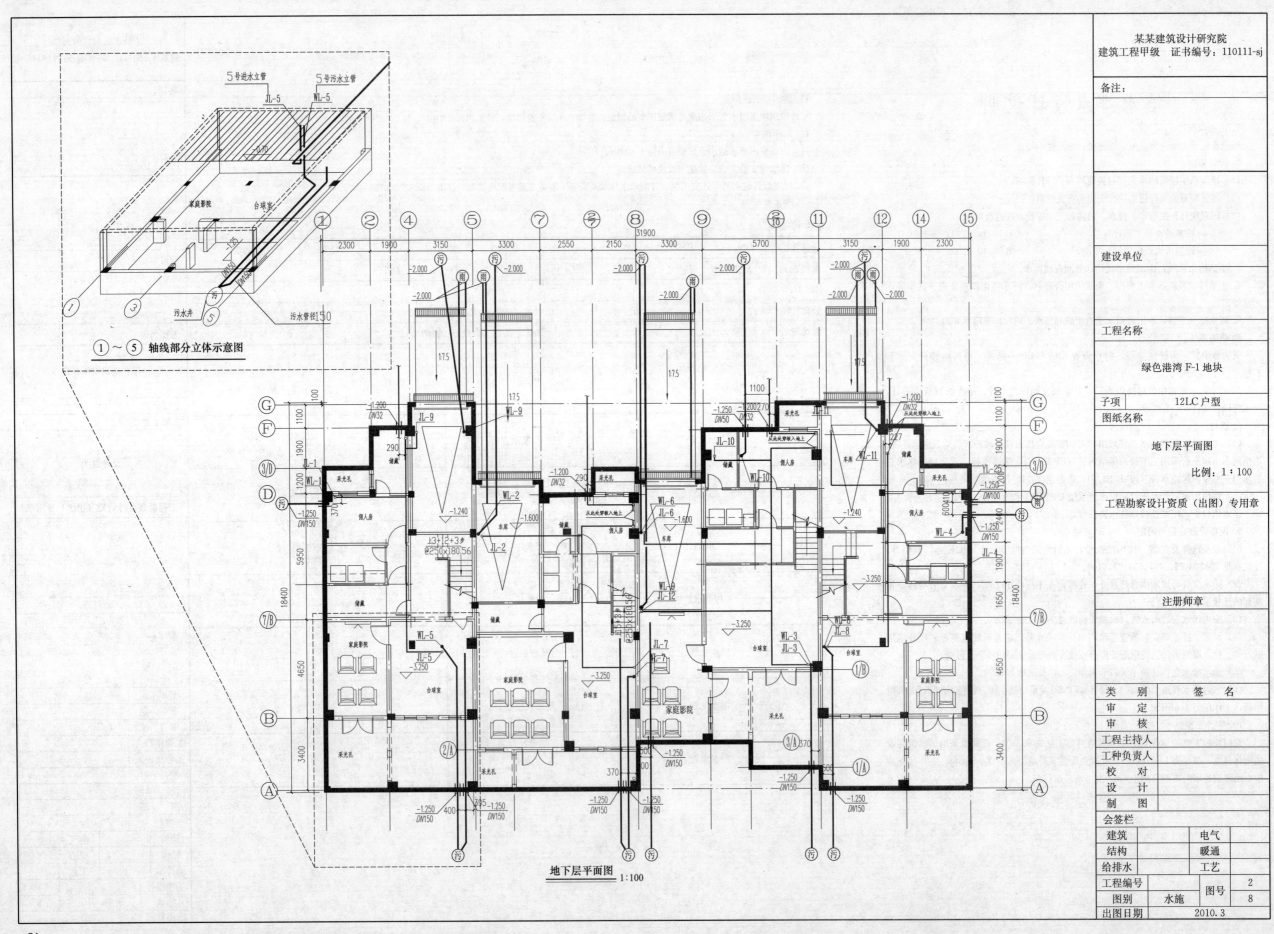

① ~ ⑤ 轴线部分立体示意图

地下层平面图 1:100

某某建筑设计研究院
建筑工程甲级 证书编号：110111-sj

备注：

| 建设单位 | |

工程名称	
绿色港湾 F-1 地块	
子项	12LC 户型
图纸名称	
地下层平面图	
比例：1：100	

工程勘察设计资质（出图）专用章

注册师章

类别	签 名
审 定	
审 核	
工程主持人	
工种负责人	
校 对	
设 计	
制 图	

会签栏			
建筑		电气	
结构		暖通	
给排水		工艺	
工程编号		图号	2
图别	水施		8
出图日期	2010.3		

54

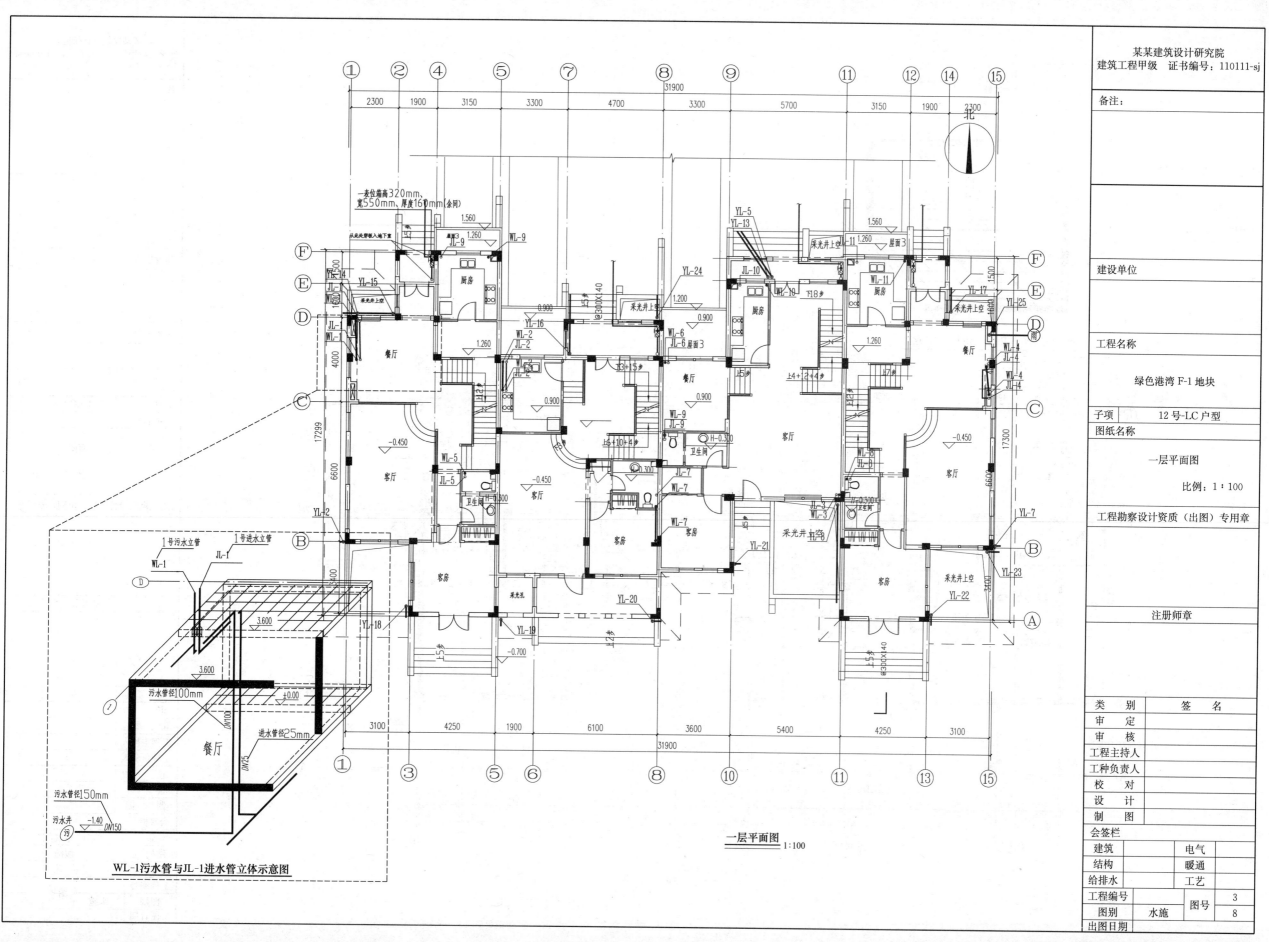

WL-1污水管与JL-1进水管立体示意图

一层平面图 1:100

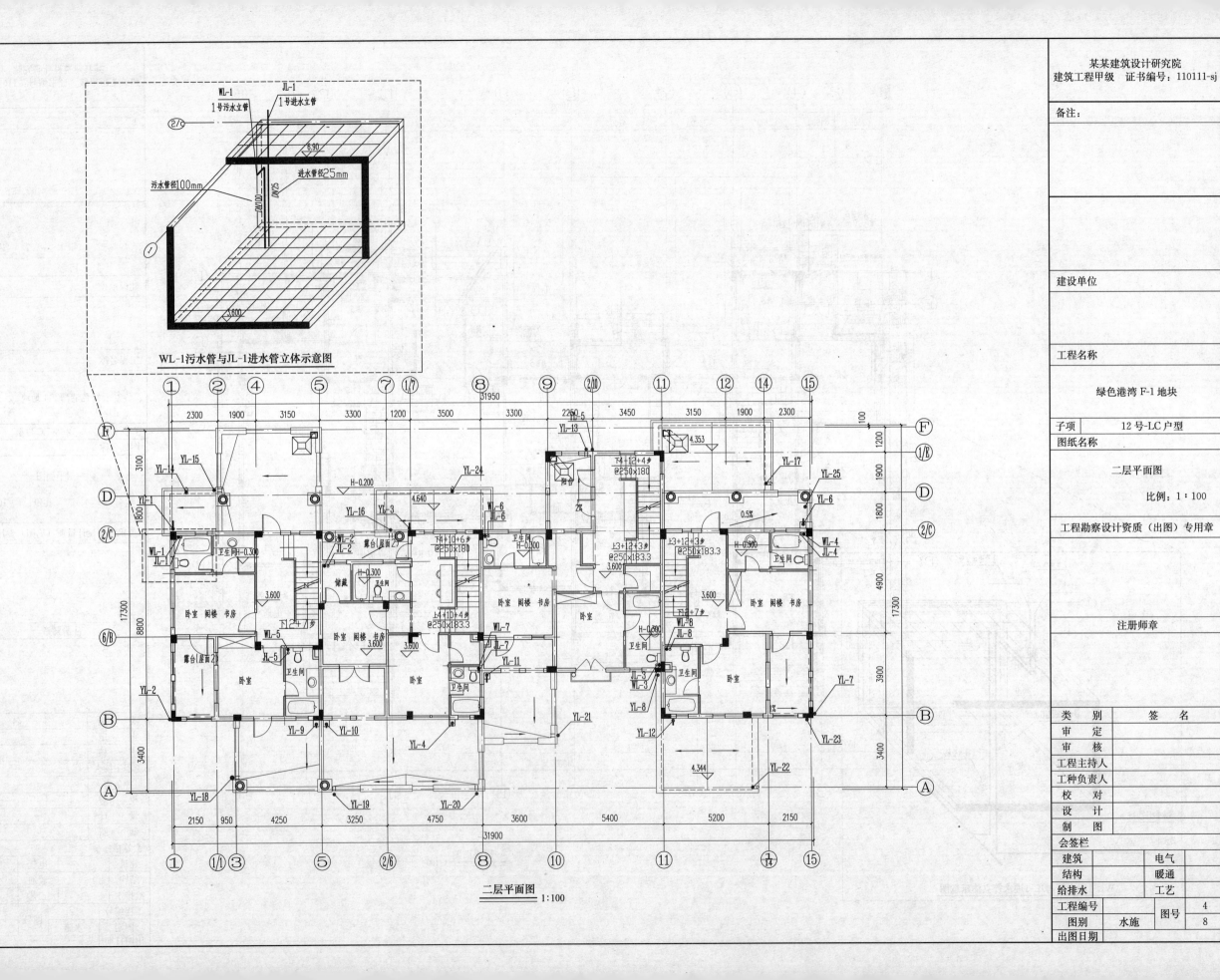

WL-1污水管与JL-1进水管立体示意图

二层平面图 1:100

某某建筑设计研究院
建筑工程甲级 证书编号：110111-sj

备注：

建设单位

工程名称

绿色港湾 F-1 地块

子项   12 号-LC 户型
图纸名称

二层平面图

比例：1：100

工程勘察设计资质（出图）专用章

注册师章

类 别	签 名
审 定	
审 核	
工程主持人	
工种负责人	
校 对	
设 计	
制 图	

会签栏

建筑	电气
结构	暖通
给排水	工艺

工程编号		图号	4
图别	水施		8
出图日期			

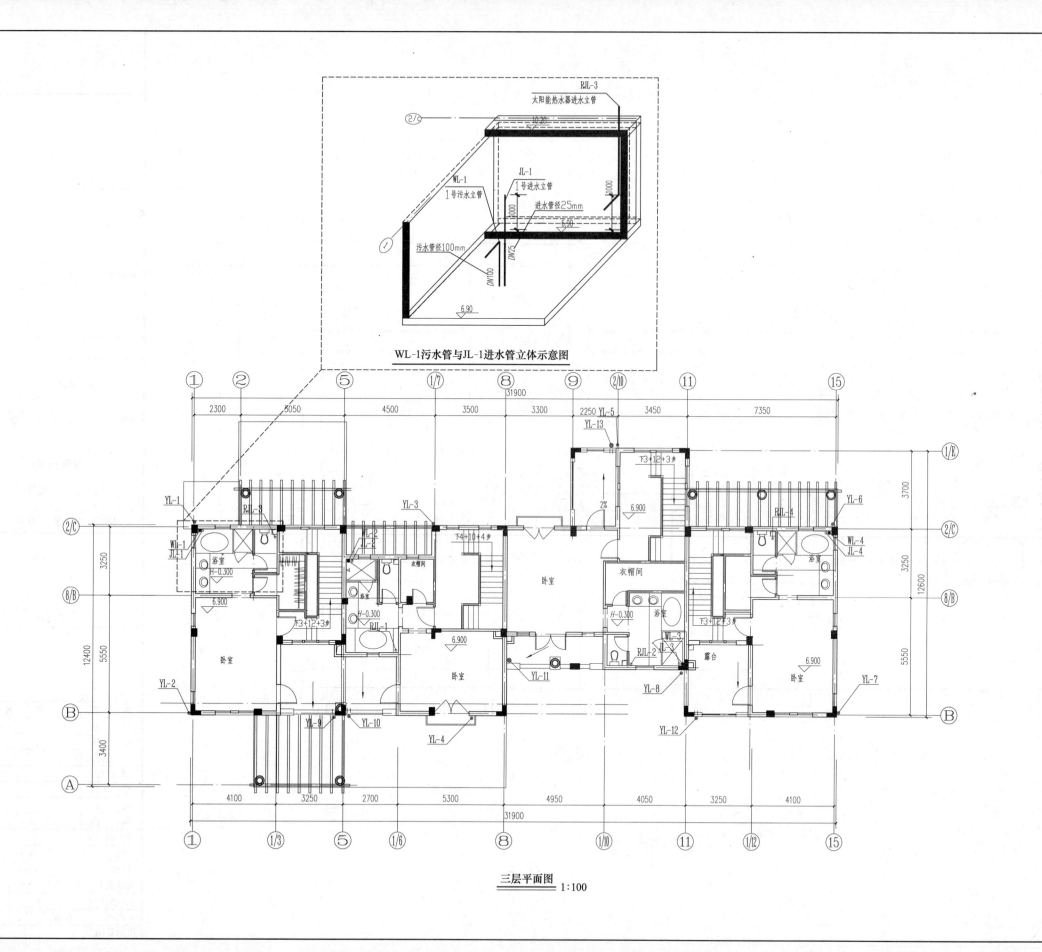

WL-1污水管与JL-1进水管立体示意图

三层平面图 1:100

某某建筑设计研究院
建筑工程甲级 证书编号：110111-sj

备注：

建设单位

工程名称

绿色港湾 F-1 地块

| 子项 | 12 号-LC 户型 |
图纸名称

三层平面图

比例：1：100

工程勘察设计资质（出图）专用章

注册师章

类 别	签 名	
审 定		
审 核		
工程主持人		
工种负责人		
校 对		
设 计		
制 图		

会签栏

建筑		电气	
结构		暖通	
给排水		工艺	
工程编号		图号	5
图别	水施		8
出图日期			

57

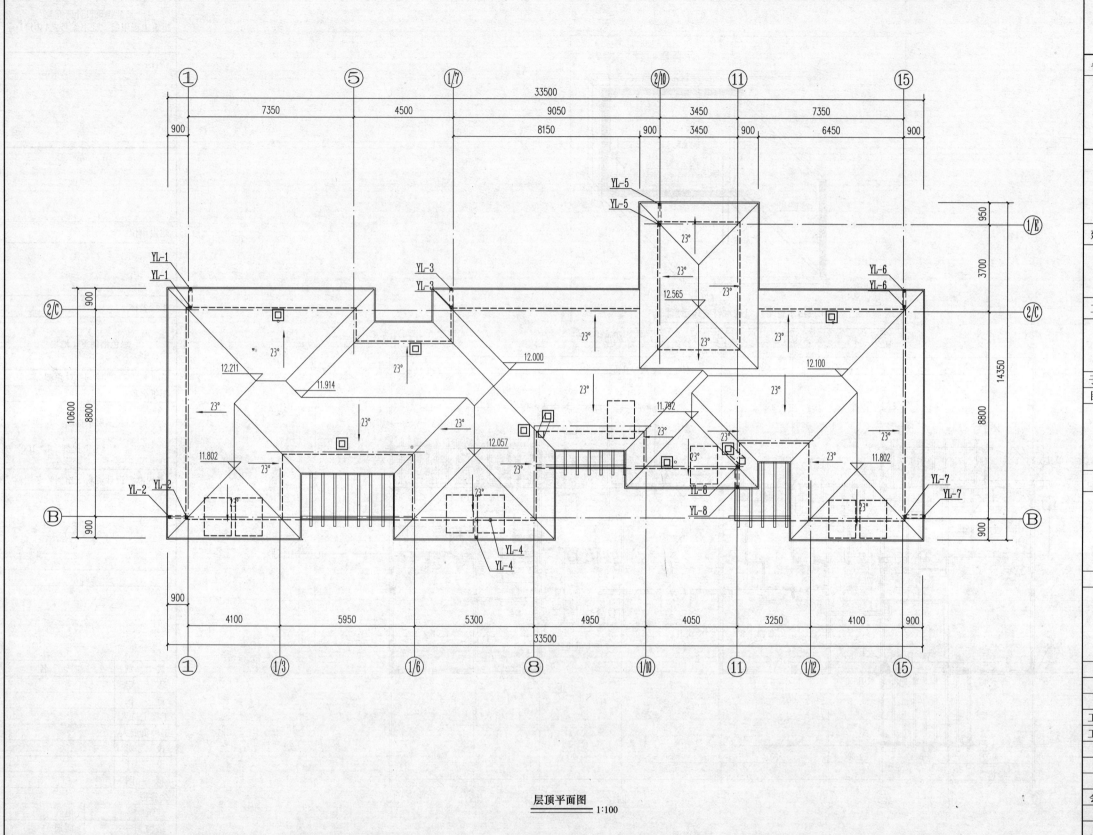

建设单位

工程名称

绿色港湾 F-1 地块

子项　　12 号-LC 户型

图纸名称

屋顶平面图

比例：1：100

工程勘察设计资质（出图）专用章

注册师章

YL-5
YL-5

23°

23°

23°

12.565

23°

YL-1
YL-1

YL-3
YL-3

12.000

23°

23°

12.100

YL-6
YL-6

12.211

11.914

23°

23°

23°

23°

23°

23°

23°

11.792

23°

11.802

12.057

23°

23°

23°

23°

23°

23°

23°

11.802

YL-2　YL-2

23°

23°

YL-8

YL-8

23°

YL-7
YL-7

YL-4

YL-4

层顶平面图 ———————— 1:100

33500
7350　　4500　　9050　　3450　　7350
8150　　900　3450　900　6450　900
900

950
3700
14.350
8800
900

10600
8800
900

900
4100　　5950　　5300　　4950　　4050　　3250　　4100　900
33500

①　⑤　1/7　2/10　⑪　⑮

1/E

2/C　　　　　　　　　　　　　　　　　　　　　2/C

B　　　　　　　　　　　　　　　　　　　　　　B

①　1/3　1/6　⑧　1/10　⑪　1/12　⑮

类　别	签　　名
审　定	
审　核	
工程主持人	
工种负责人	
校　对	
设　计	
制　图	

会签栏

建筑		电气	
结构		暖通	
给排水		工艺	

工程编号		图号	6
图别	水施		8
出图日期			

58

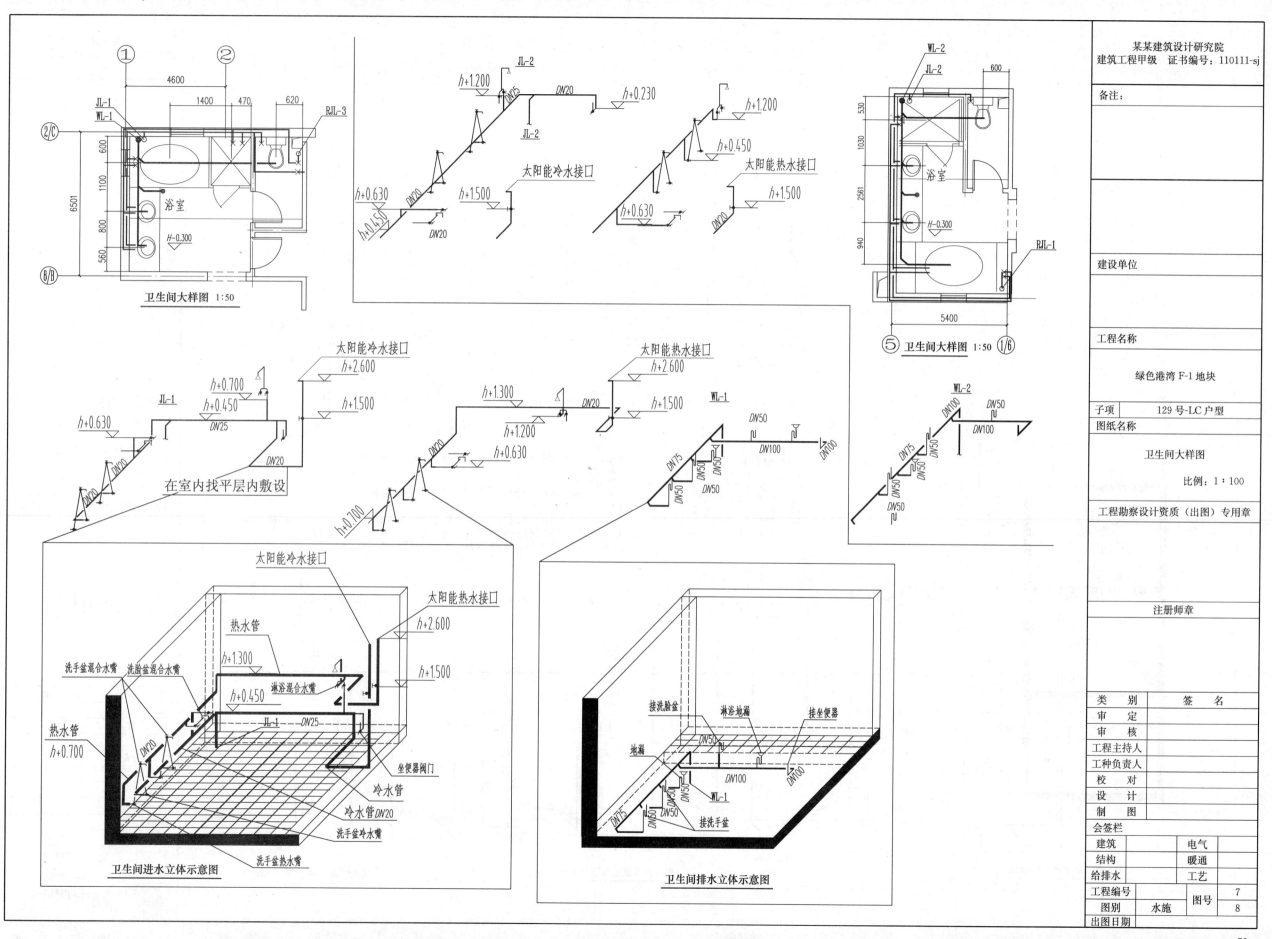

卫生间大样图 1:50

太阳能冷水接口

太阳能热水接口

卫生间大样图 1:50 1/6

太阳能冷水接口

太阳能热水接口

在室内找平层内敷设

卫生间进水立体示意图

卫生间排水立体示意图

太阳能冷水接口
太阳能热水接口

洗手盆混合水嘴 洗脸盆混合水嘴 淋浴混合水嘴
热水管
热水管 JL-1 DN25
坐便器阀门
冷水管
冷水管 DN20
洗手盆冷水嘴
洗手盆热水嘴

接洗脸盆 淋浴地漏 接坐便器
地漏
WL-1
接洗手盆

某某建筑设计研究院
建筑工程甲级 证书编号：110111-sj

备注：

建设单位

工程名称

绿色港湾 F-1 地块

子项 129号-LC 户型

图纸名称

卫生间大样图

比例：1：100

工程勘察设计资质（出图）专用章

注册师章

类 别	签 名
审 定	
审 核	
工程主持人	
工种负责人	
校 对	
设 计	
制 图	

会签栏

建筑		电气	
结构		暖通	
给排水		工艺	

工程编号		图号	7
图别	水施		8
出图日期			

59

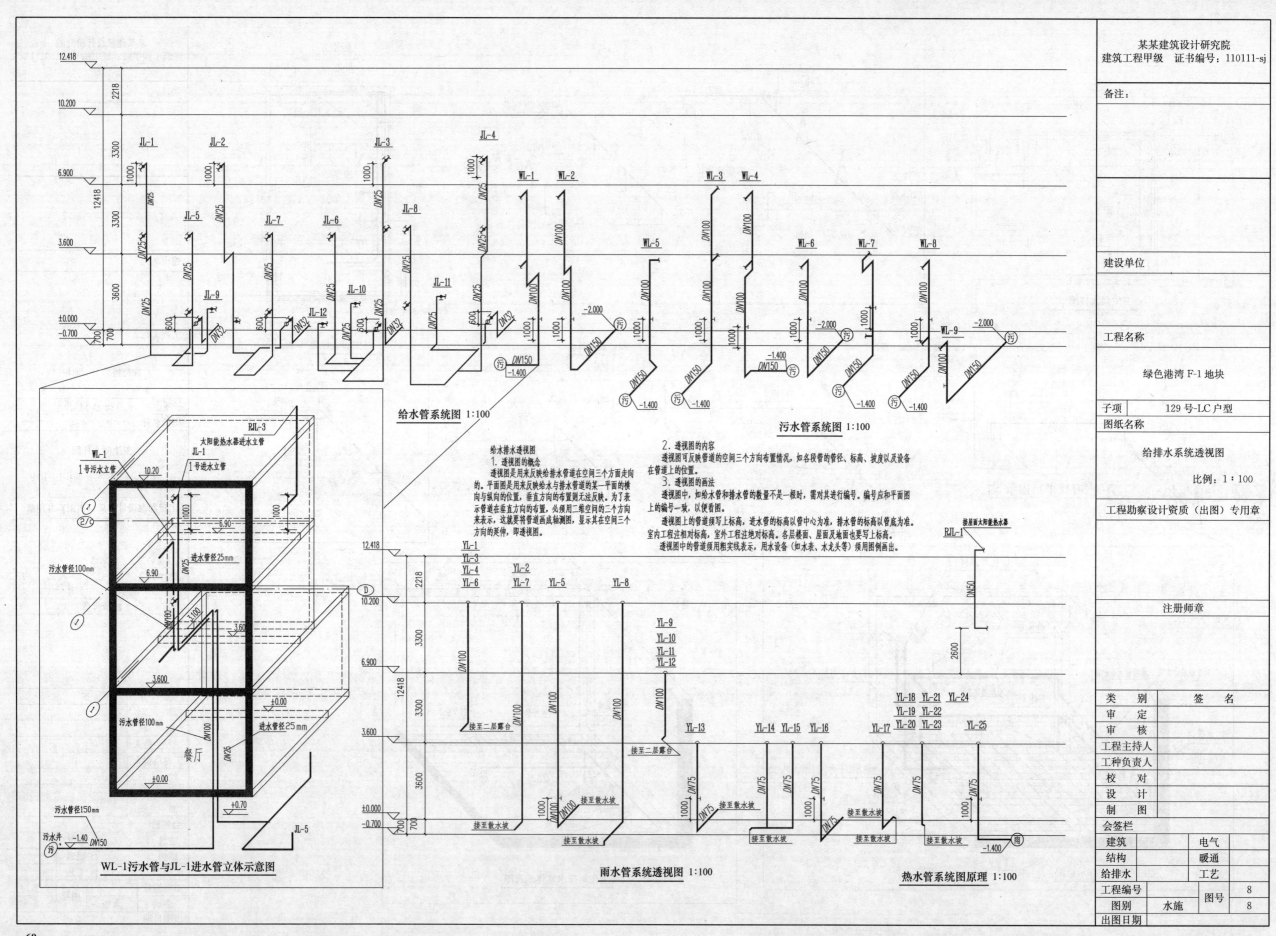

给水管系统图 1:100

污水管系统图 1:100

给排水透视图

1. 透视图的概念
透视图是用来反映给排水管道在空间三个方面走向的。平面图是用来反映给水与排水管道的某一平面的横向与纵向的位置,垂直方向的布置则无法反映,为了表示管道在垂直方向的布置。必须用二维空间的二个方向来表示,这就要把管道画成轴测图,显示出其在空间三个方向的关系,即透视图。

2. 透视图的内容
透视图可反映管道的空间三个方向布置情况,如各段管的管径、标高、坡度以及设备在管道上的位置。

3. 透视图的画法
透视图中,如给水管和排水管的数量不是一根时,需对其进行编号。编号应和平面图上的编号一致,以便看图。
透视图上的管道须写上标高,进水管的标高以管中心为准,排水管的标高以管底为准。
室内工程注相对标高,室外工程注地对标高。各层楼面、屋面及地面也要写上标高。
透视图中的管道须用粗实线表示,用水设备(如水表、水龙头等)须用图例画出。

WL-1污水管与JL-1进水管立体示意图

雨水管系统透视图 1:100

热水管系统图原理 1:100

60

	某某建筑设计研究院
	建筑工程甲级 证书编号:110111-sj

备注:

建设单位

工程名称

绿色港湾 F-1 地块

子项	129号-LC 户型
图纸名称	

给排水系统透视图

比例:1:100

工程勘察设计资质(出图)专用章

注册师章

类 别	签 名
审 定	
审 核	
工程主持人	
工种负责人	
校 对	
设 计	
制 图	
会签栏	

建筑	电气
结构	暖通
给排水	工艺

工程编号		图号	8
图别	水施		8
出图日期			

4 某住宅楼建筑电气施工图实例导读

设 计 说 明

1. 建筑概况
本电气设计为某某绿色港湾 12 号-LC 户型，建筑层数为地上三层，地下一层。

2. 设计依据
(1)《住宅建筑规范》GB 50368—2005；
(2)《民用建筑电气设计规范》JGJ 16—2008；
(3)《低压配电设计规范》GB 50054—95；
(4)《建筑照明设计标准》GB 50034—2004；
(5) 其他有关国家及地方的规程、规范；
(6) 甲方设计任务书及设计要求；
(7) 各专业提供的设计资料。

3. 设计范围
本子项设计包括以下内容：照明配电系统；防雷及接地系统；

有线电视系统；电话系统；网络系统。本子项电源分界点在本楼首层电表箱处。

电信、电视、网络分界点在首层的弱电箱处。

访客对讲系统由专业公司二次深化设计完成。

4. 供电设计
(1) 负荷：本工程为多层普通住宅住宅按三级负荷供电，每户用电计算负荷为 15kW。

电源：本工程由供电部门提供 380V 电源到户。分组团在室外设置电表箱由变电所直接供电，室外电表箱到各住户采用放射式配电至用户配电箱。

(2) 计费：照明均为低压计费，一户一表。室外设置电表箱。

(3) 本系统为 TN-C-S 系统，户内总箱处作等电位连接，并与防雷接地共用接地网，接地电阻不大于 1Ω。

(4) 本工程所有配电箱尺寸均为参考尺寸，由生产厂家根据设计要求，完成原理图、接线图、盘面布置图、设备材料表、交设计院审核，签字后方可订货加工。

(5) 灯具：厨房、卫生间安装防水防潮型灯具。灯具具体选型由甲方确定，本图中灯具仅为参考。

(6) 每户设照明总箱和分箱，箱内设照明、浴霸、普通插座、厨房插座、卫生间、空调回路。除照明用电回路不经漏电保护开关外，其他均需经漏电开关保护。

(7) 荧光灯采用电子镇流器。客厅灯接线盒内预留灯具安装预埋件。

(8) 地下室灯具、插座回路加 PE 线保护，平面图中不再详标。

5. 设备安装
(1) 户内配电箱暗装底边距地 1.6m（以电箱正下方踏步为准）。

(2) 照明开关暗装，距门边 150mm，插座均为安全型插座，厨房、卫生间、阳台内开关、插座均需带防溅盖。相邻强电插座、弱电插座应分别并排安装。

(3) 与设备配套的控制箱、柜，订货前应与设计人员配合。

(4) 其他设备安装高度见图例和平面图。

(5) 表箱前进线电缆选用 YJV22-1kV 铜芯电力电缆。

(6) 所有户内支线选用 BV-500V 导线穿 PVC 硬质阻燃塑料管敷设。

(7) 所有穿过建筑物伸缩缝、沉降缝的管线应按《建筑电气安装工程图集》作伸缩处理。

(8) 所有插座回路支线均参照系统图标注执行，凡未标注照明线路管径均参照常用导线穿管表要求敷设。

6. 防雷设计
(1) 本建筑物按三类防雷建筑设计，在屋顶暗装避雷带，利用建筑物结构构造柱内主钢筋（$\phi > 16mm$ 两根，$10 < \phi < 16$ 四根）作为引下线，作为防雷接地引下线的主筋上端与避雷带相连，下端与基础钢筋焊接，同时基础钢筋焊接联通作为接地装置，并在首层四周外墙引下线处距地面—0.5m 引出一段 1.0m 长 $\phi 16$ 镀锌圆钢，以备外接人工接地极。若测试接地电阻达不到要求可在此处室外加打外附人工接地体，施工按国标 02D501-3。

(2) 凡凸出屋面的所有金属构件，金属通风管等均应与避雷带可靠焊接。室外接地凡焊接处均应刷沥青防腐。

(3) 接地：采用 TN-C-S 系统，户内各回路的 PE 线与户内总箱内等电位联结端子连接，并与防雷接地共用接地网，要求联合接地电阻不大于 1Ω，待接地装置施工完毕后实测接地电阻，若达不到要求可在预留人工接地点处加打外附人工接地体。

(4) 等电位联结：在配电箱安装处设总等电位联结端子板，将楼内的电信设备，采暖管，上下水管等所有进线管及配电箱 PE 线，接至等电位联结端子板上。卫生间内做局部等电位联结，在每个卫生间洗手盆下设局部等电位端子，等电位端子与接地体（本层卫生间地面钢筋网）联结。

(5) 共用电视天线引入端设过电压保护装置，具体施工按系统承包商二次深化设计图纸施工。

7. 电话系统
(1) 有线电视由室外两根电缆引入，系统采用两个分配器直接配出，客厅、主卧室、次卧室均设电视插座。

(2) 住户分配器置于弱电总箱内，弱电总箱采用暗装，箱底距地 0.3m。

(3) 由系统承包商进行二次深化设计及系统调试。

(4) 干线电缆选用 SYWV-75-9-SC32，支线电缆选用 SYWV-75-5-PVC20，单管单线。

(5) 电视插座一般距地 0.3m。

8. 电话系统
(1) 电话进线每户两对，电话插座的数量、位置标准按甲方提供的要求进行设计。

(2) 电话模块置于弱电总箱内，电话插座均暗装，盒底距地 0.3m（卫生间 1.0m）。

(3) 电话干线采用 HYV 型电话电缆，穿钢管暗敷设；电话分支线采用 PVS-2×0.5mm²，进户穿 SC20 管敷设。

9. 宽带网
(1) 按甲方要求，本子项预留宽带网系统管线，由承包商二次设计、安装、调试。

(2) 宽带网干线电缆穿钢管敷设，进户穿 SC25 暗敷设。

(3) 信息插座的数量、位置标准按甲方提供的要求进行设计，信息插座暗装，一般距地 0.3m，与电视并排 0.6m。

(4) 信息插座离电源插座水平距离为 300mm，具体安装见图集 02X101-3-026 页。

集线器（HUB）置于弱电总箱内。

10. 其他
(1) 电气施工应与土建工程密切配合，做好管线预埋。

(2) 配电系统图中的配电箱（小三箱）由于要统一招标，图中所标型号，规格仅供参考，所有电箱均为暗装，但小三箱的箱体要按国家有关标准来制造，箱体的元件要按系统图中的元件选配，电表箱尺寸按供电部门要求产品施工。

(3) 本设计未尽事宜请参照有关国家标准施工。

某某建筑设计研究院
建筑工程甲级 证书编号：110111-sj

备注：

建设单位

工程名称

绿色港湾 F-1 地块

子项	12 号-LC 户型

图纸名称

设计说明

比例：1：100

工程勘察设计资质（出图）专用章

注册师章

类 别	签 名	
审 定		
审 核		
工程主持人		
工种负责人		
校 对		
设 计		
制 图		

会签栏

建筑		电气	
结构		暖通	
给排水		工艺	

工程编号		图号	1
图别	电施		9
出图日期			

电话线2对,HYV-2×0.5mm², 穿镀锌钢管, 管径20mm, 沿墙暗敷设, 沿地面暗敷设
2HYV-2×0.5 SC20-WC.FC
网络,UTP-5e, 穿镀锌钢管, 管径25mm, 沿墙暗敷设, 沿地面暗敷设
UTP-5e SC25-WC.FC
铜芯聚氯乙烯绝缘电线(简称铜芯线和塑线),BV-3×2.5mm², 穿塑料管, 管径20mm, 沿墙暗敷设, 沿地面暗敷设
BV-3×2.5 PVC20-WC.FC
电视线(同轴电缆),SYWV-75-9, 穿镀锌钢管, 管径32mm, 沿墙暗敷设, 沿地面暗敷设
SYWV-75-9 SC32-WC.FC
SYWV-75-9 SC32-WC.FC

弱电总箱RD

常用导线穿管表

BV总根数 截面(mm²)	镀锌钢管（SC）								电线管（MT）	硬塑料管（PC）		
	2	3	4	5	6	7	8			6	7	8
1.0	15	15	15	20	20	20	15	20	20	25	25	25
1.5	15	15	20	20	20	25	20	25	25	32	32	32
2.5	15	15	20	25	25	25	20	25	25	32	32	32
4.0	15	20	20	25	25	25	20	25	25	32	32	32
6.0	20	20	25	25	32	32	25	32	32	32	32	40
10.0	20	25	32	32	40	40	32	32	32	40	40	40

线路保护及敷设方式

SC- 镀锌钢管敷设	CT- 电缆桥架敷设	WC- 沿墙暗敷设	AC- 沿柱明敷设
PC- 硬塑料管敷设	MR- 金属线槽敷设	CE- 沿天棚明敷设	FC- 沿地面暗敷设
MT- 电线管敷设	BC- 架内明敷设	CC- 屋面或顶板内暗敷设	SCE-吊顶内暗敷设
PR- 塑料线敷设	WS- 沿墙明敷设	DB- 直理地敷设	

电话进线

RVS-4×0.5 PVC16-WC.FC
RVS-4×0.5 PVC16-WC.CC

配线架

电话
TP 地下室家庭影院
TP 地下室台球室
TP 一层客厅
TP 一层客房
TP 二层卧室
TP 二层卧室
TP 三层卧室

数据 HUB
TO 地下室家庭影院
TO 一层客厅
TO 二层卧室
TO 三层卧室
UTP-5e PVC20-WC.FC

接自AL1-n插座回路 电源

电视分配器

电视
TV 一层客卧
TV 地下室家庭影院
TV 一层客厅

电视
TV 二层卧室
TV 二层卧室
TV 三层卧室
SYWV-75-5 PVC20-WC.FC
SYWV-75-5 PVC20-WC.FC

住宅楼设备材料表

序号	图例	设备名称	型号规格	数量	单位	备注
17		接线盒	146mm×75mm×75mm	-	个	下口距地300mm
16		电视插座	-	-	个	下口距地300mm
15		计算机插座	-	-	个	下口距地300mm
14		电话插座	-	-	个	下口距地300mm
13	RD	弱电信息箱	-	-	个	下口距地500mm
12		洗脸台插座			个	下口距地1400mm
11		带安全门型双联单相两极加三极暗插座	-	-	个	下口距地300mm
10		带安全门型单相三极插座(壁挂空调)	-	-	个	下口距地1800mm
9		带安全门型单相三极插座(排烟机插座)	-	-	个	下口距地1800mm
8		带安全门型单相三极插座(冰箱插座)	-	-	个	下口距地1400mm
7		洗衣机单相三极防水插座	-	-	个	下口距地1400mm
6		热水器单相三极防水插座	-	-	个	下口距地1800mm
5		暗装双极开关	-	-	个	下口距地1400mm
4		暗装单极开关	-	-	个	下口距地1400mm
3		裸头灯			个	吸顶
2		照明配电箱	-	-	个	下口距地1600mm
1		电表箱	620mm×450mm×160mm	-	个	下口距地1400mm

注：1.网络及电视的实际点数根据销售标准确定，土建施工时按图预留管线。
2.住户报警进户线和可视对讲进户线的配置以产品供应商配线为准。

住户电话、电视、网络系统图

建设单位

工程名称

绿色港湾 F-1 地块

子项 12号-LC户型

图纸名称
材料表
住户电话、电视、网络系统图

比例：1：100

工程勘察设计资质（出图）专用章

注册师章

类别	签名
审定	
审核	

工程主持人	
工种负责人	
校对	
设计	
制图	

会签栏
建筑	电气
结构	暖通
给排水	工艺

工程编号		图号	2
图别	电施		9
出图日期			

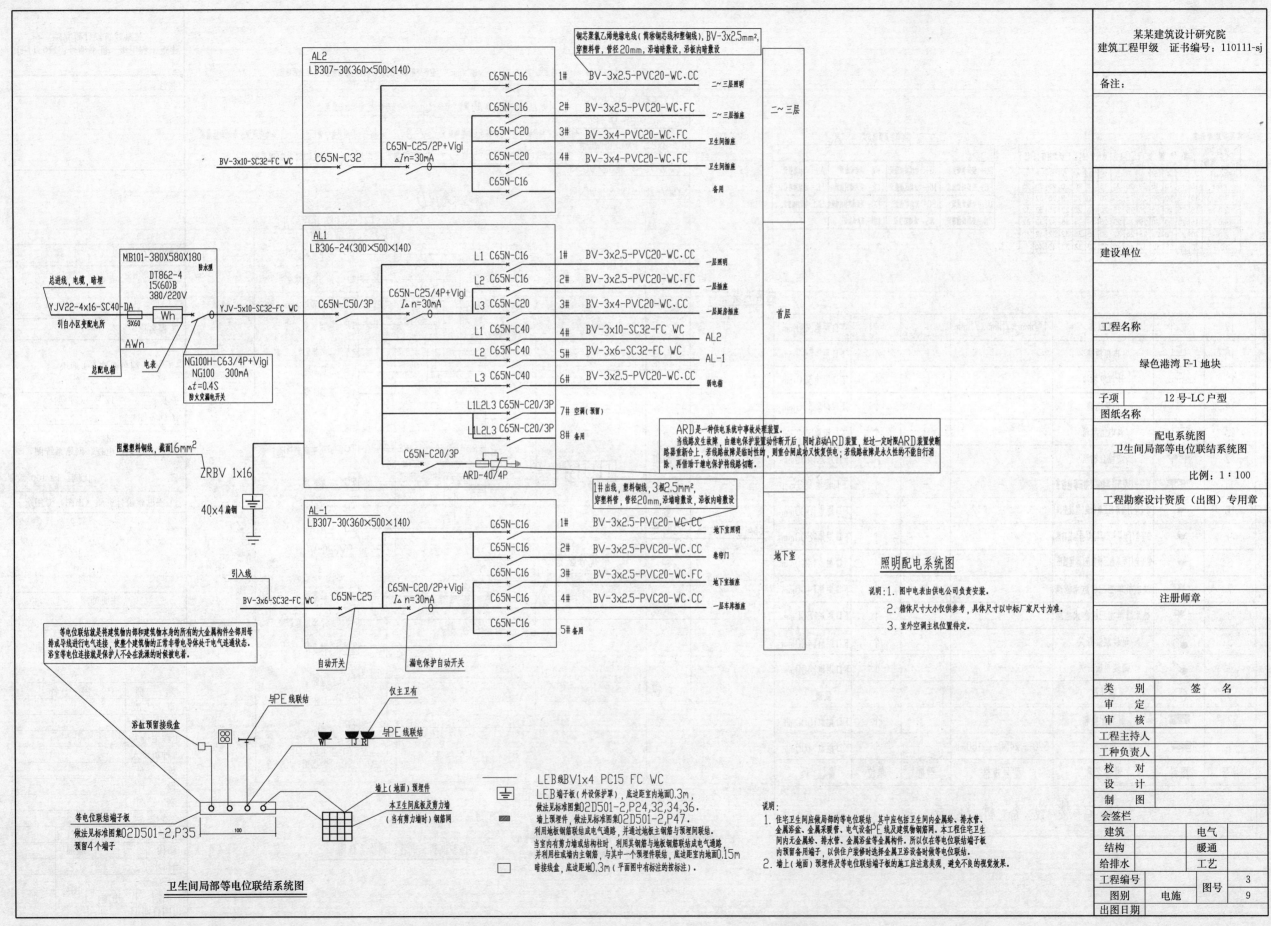

某某建筑设计研究院
建筑工程甲级 证书编号：110111-sj

备注：

AL2
LB307-30(360×500×140)

铜芯聚氯乙烯绝缘电线(简称铜芯线和塑料线)，BV-3×2.5mm²，
穿塑料管，管径20mm，沿墙暗敷设，沿板内暗敷设

C65N-C16 1# BV-3x2.5-PVC20-WC、CC 二~三层照明
C65N-C16 2# BV-3x2.5-PVC20-WC、FC 二~三层插座
C65N-C20 3# BV-3x4-PVC20-WC、FC 卫生间插座
C65N-C25/2P+Vigi ΔIn=30mA
C65N-C20 4# BV-3x4-PVC20-WC、FC 卫生间插座
C65N-C16 备用

BV-3x10-SC32-FC WC C65N-C32

二~三层

AL1
LB306-24(300×500×140)

MB101-380X580X180
防水型
DT862-4
15(60)B
380/220V

总进线，电缆，暗埋
YJV22-4×16-SC40-DA
引自小区变配电所

3X60
Wh
YJV-5×10-SC32-FC WC

AWn
总配电箱 电表
NG100H-C63/4P+Vigi
NG100 300mA
Δt=0.4S
防火灾漏电开关

L1 C65N-C16 1# BV-3x2.5-PVC20-WC、CC 一层照明
L2 C65N-C16 2# BV-3x2.5-PVC20-WC、FC 一层插座
C65N-C25/4P+Vigi
IΔn=30mA
L3 C65N-C20 3# BV-3x4-PVC20-WC、CC 一层厨房插座
C65N-C50/3P
L1 C65N-C40 4# BV-3x10-SC32-FC WC AL2
L2 C65N-C40 5# BV-3x6-SC32-FC WC AL-1
L3 C65N-C40 6# BV-3x2.5-PVC20-WC、CC 弱电箱
L1L2L3 C65N-C20/3P 7# 空调(预留)
L1L2L3 C65N-C20/3P 8# 备用
C65N-C20/3P
ARD-40/4P

首层

ARD是一种供电系统中事故处理装置。
当该线路发生故障，由继电保护装置动作断开后，同时启动ARD装置，经过一定时间后ARD装置使断
路器重新闭合上，若该线路故障是瞬时性的，则重合闸成功又恢复供电；若线路故障是永久性的不能自行消
除，再借助于继电保护装置线路切断。

照明塑料铜线，截面16mm²
ZRBV 1x16

40x4 扁钢

1#出线，塑料铜线，3根2.5mm²，
穿塑料管，管径20mm，沿墙暗敷设，沿板内暗敷设

AL-1
LB307-30(360×500×140)

C65N-C16 1# BV-3x2.5-PVC20-WC、CC 地下室照明
C65N-C16 2# BV-3x2.5-PVC20-WC、CC 卷帘门
引入线
C65N-C20/2P+Vigi
IΔn=30mA
C65N-C16 3# BV-3x2.5-PVC20-WC、FC 地下室插座
BV-3x6-SC32-FC WC C65N-C25
C65N-C16 4# BV-3x2.5-PVC20-WC、CC 一层车库插座
C65N-C16 5# 备用

地下室

自动开关 漏电保护自动开关

照明配电系统图

说明：1. 图中电表由供电公司负责安装。
2. 箱体尺寸大小仅供参考，具体尺寸以中标厂家尺寸为准。
3. 室外空调主机位置待定。

等电位联结就是将建筑物内部和建筑物本身的所有的大金属构件全部用导
播或导线进行电气连接，使整个建筑物的正常非带电导体处于电气连通状态。
浴室等电位连接就是保护人不会在洗澡的时候被电着。

与PE线联结
仅主卫有
浴缸预留接线盒
W1 T1 R1
与PE线联结

等电位联结端子板
做法见标准图集02D501-2,P35
预留4个端子

墙上(地面)预埋件
本卫生间底板及剪力墙
(当有剪力墙时)钢筋网

100

LEB线BV1x4 PC15 FC WC
LEB端子板(外设保护罩)，底边距室内地面0.3m，
做法见标准图集02D501-2,P24,32,34,36。
墙上预埋件，做法见标准图集02D501-2,P47。
利用地板钢筋联结成电气通路，并通过地板钢筋与预埋件联结。
当室内有剪力墙或结构柱时，利用其钢筋与地板钢筋联结成电气通路
并利用柱或结构主钢筋，与其中一个预埋件联结，底边距室内地面0.15m
暗接线盒，底边距墙0.3m(平面图中有标注的按标注)。

说明：
1. 住宅卫生间应做局部的等电位联结，其中应包括卫生间内金属给、排水管，
金属浴盆、金属采暖管、电气设备PE线及建筑物钢筋网。本工程住宅卫
生间内无金属给、排水管、金属浴盆等金属构件，所以住在等电位端子板
内预留备用端子，以供住户装修时选择卫浴设备参加做等电位联结。
2. 墙上(地面)预埋件及等电位联结端子板的施工应注意美观，避免不良的视觉效果。

卫生间局部等电位联结系统图

建设单位

工程名称

绿色港湾 F-1 地块

子项 12 号-LC 户型
图纸名称

配电系统图
卫生间局部等电位联结系统图

比例：1：100

工程勘察设计资质（出图）专用章

注册师章

类别	签名
审定	
审核	
工程主持人	
工种负责人	
校对	
设计	
制图	

会签栏

建筑	电气
结构	暖通
给排水	工艺

工程编号		图号	3
图别	电施		9
出图日期			

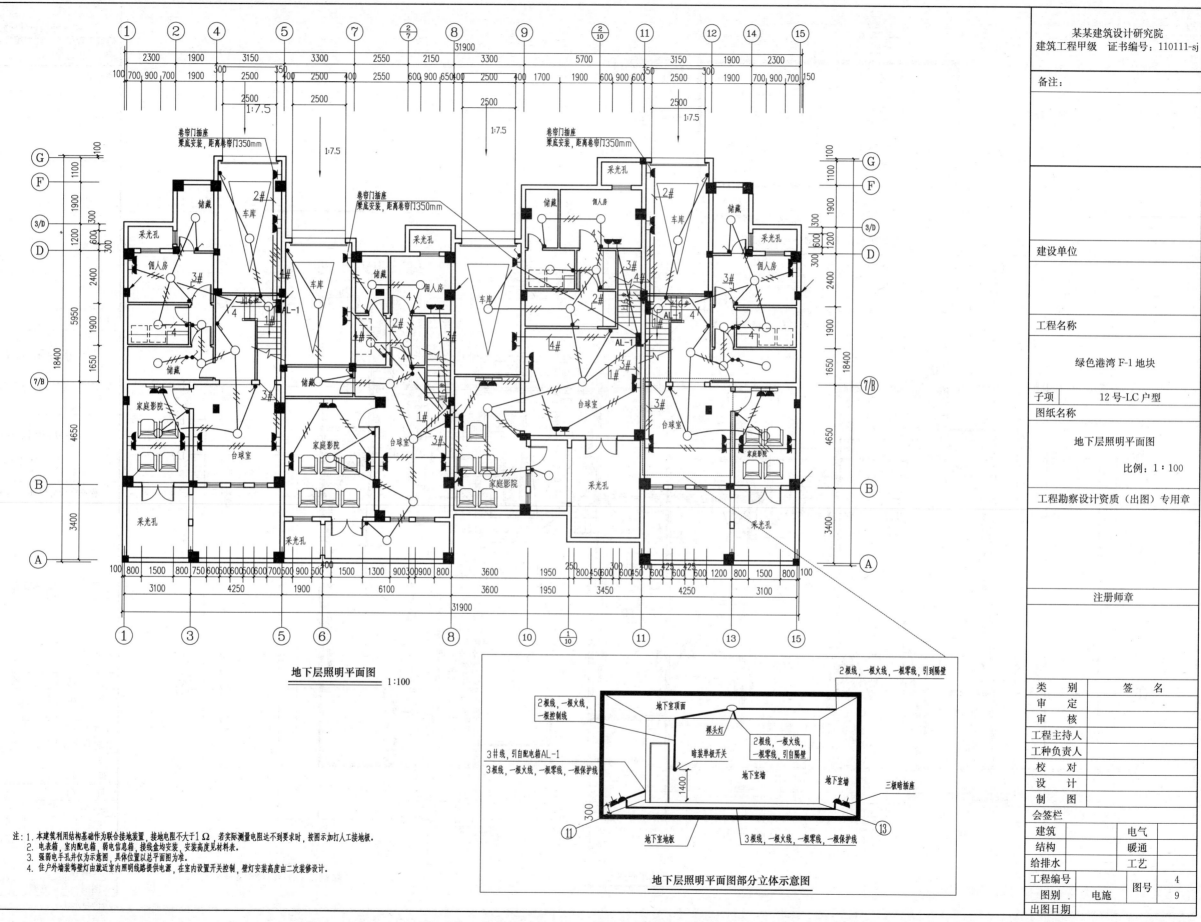

地下层照明平面图 1:100

地下层照明平面图部分立体示意图

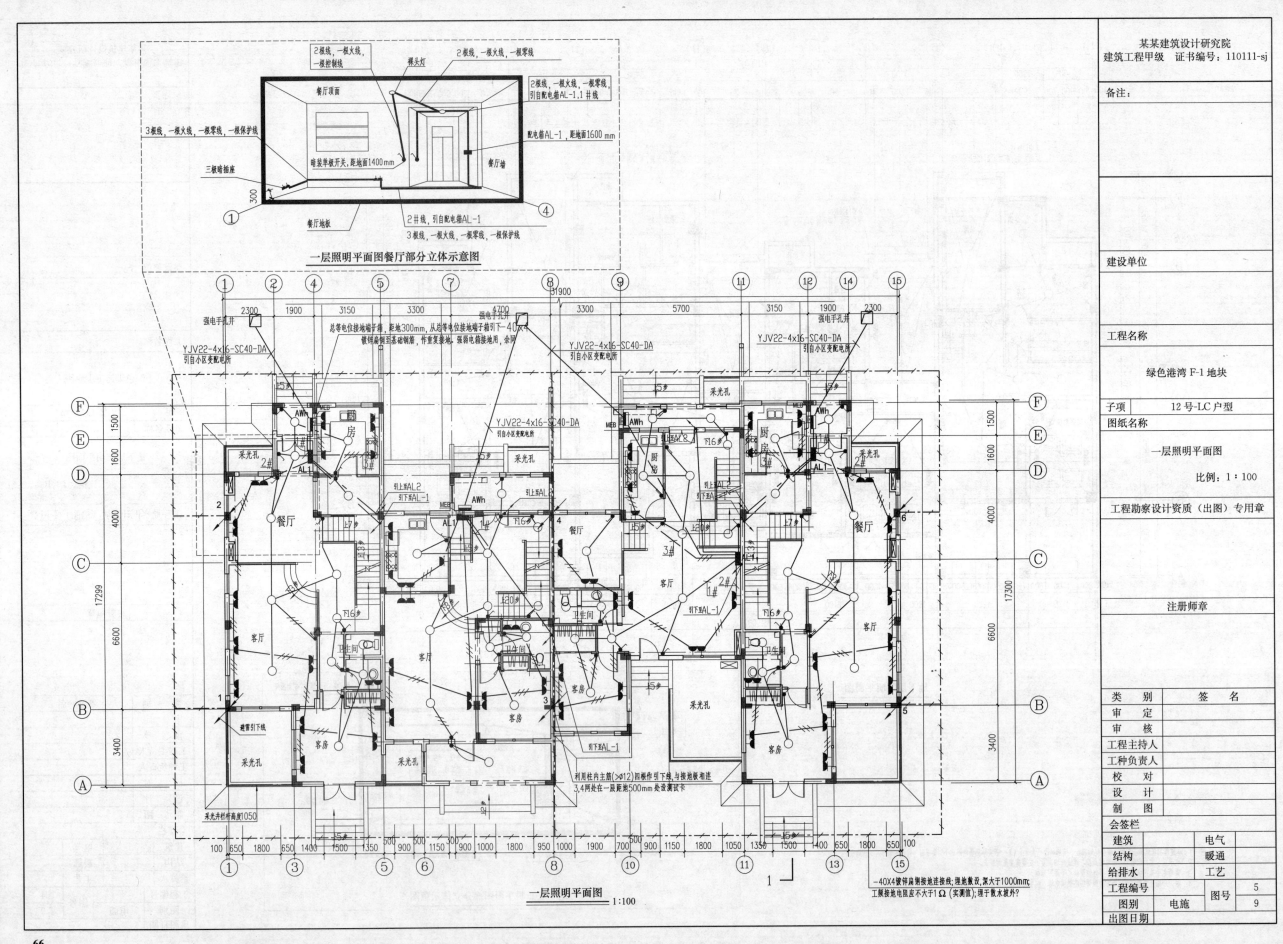

一层照明平面图餐厅部分立体示意图

一层照明平面图 1:100

66

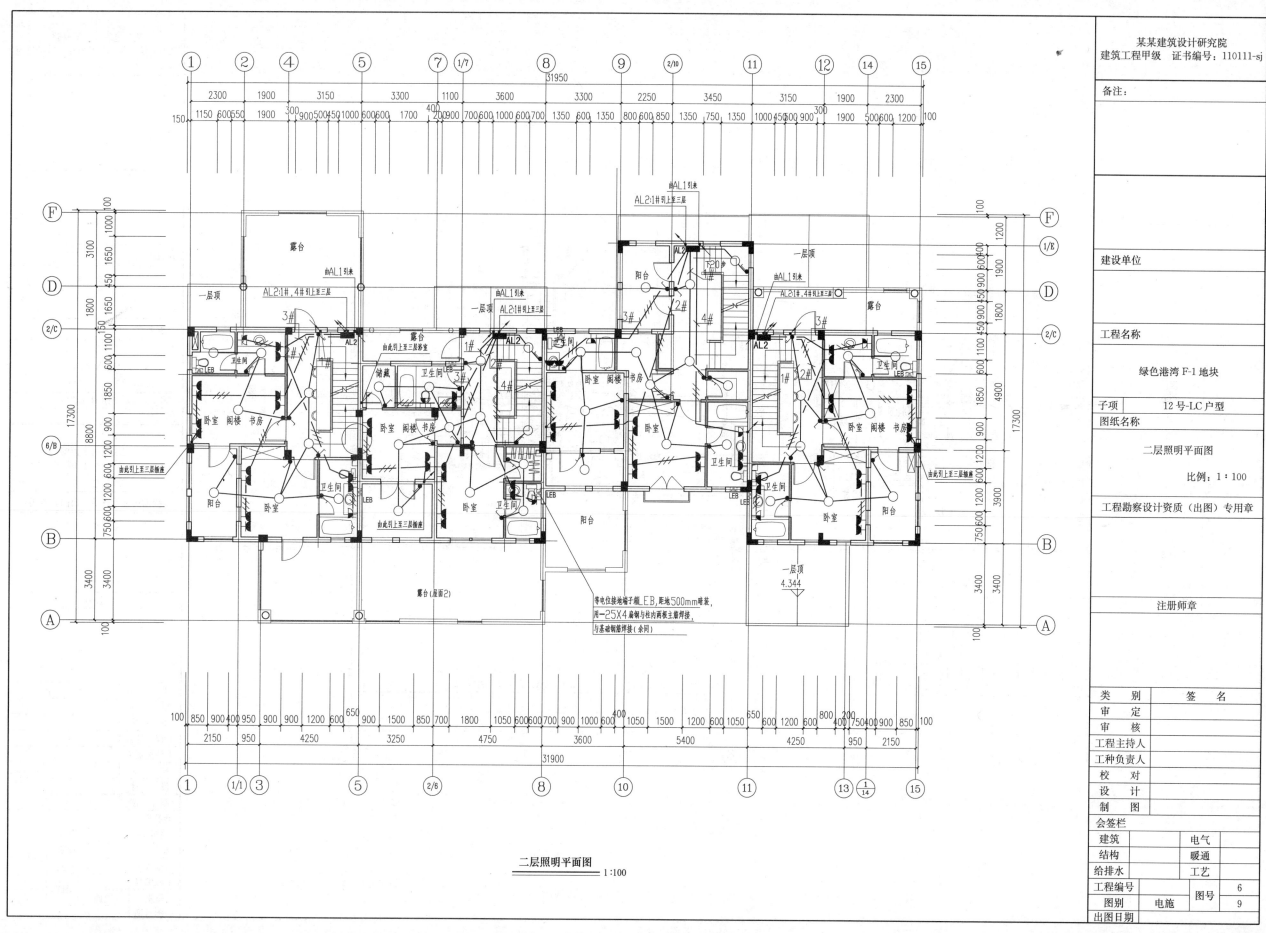

二层照明平面图

$1:100$

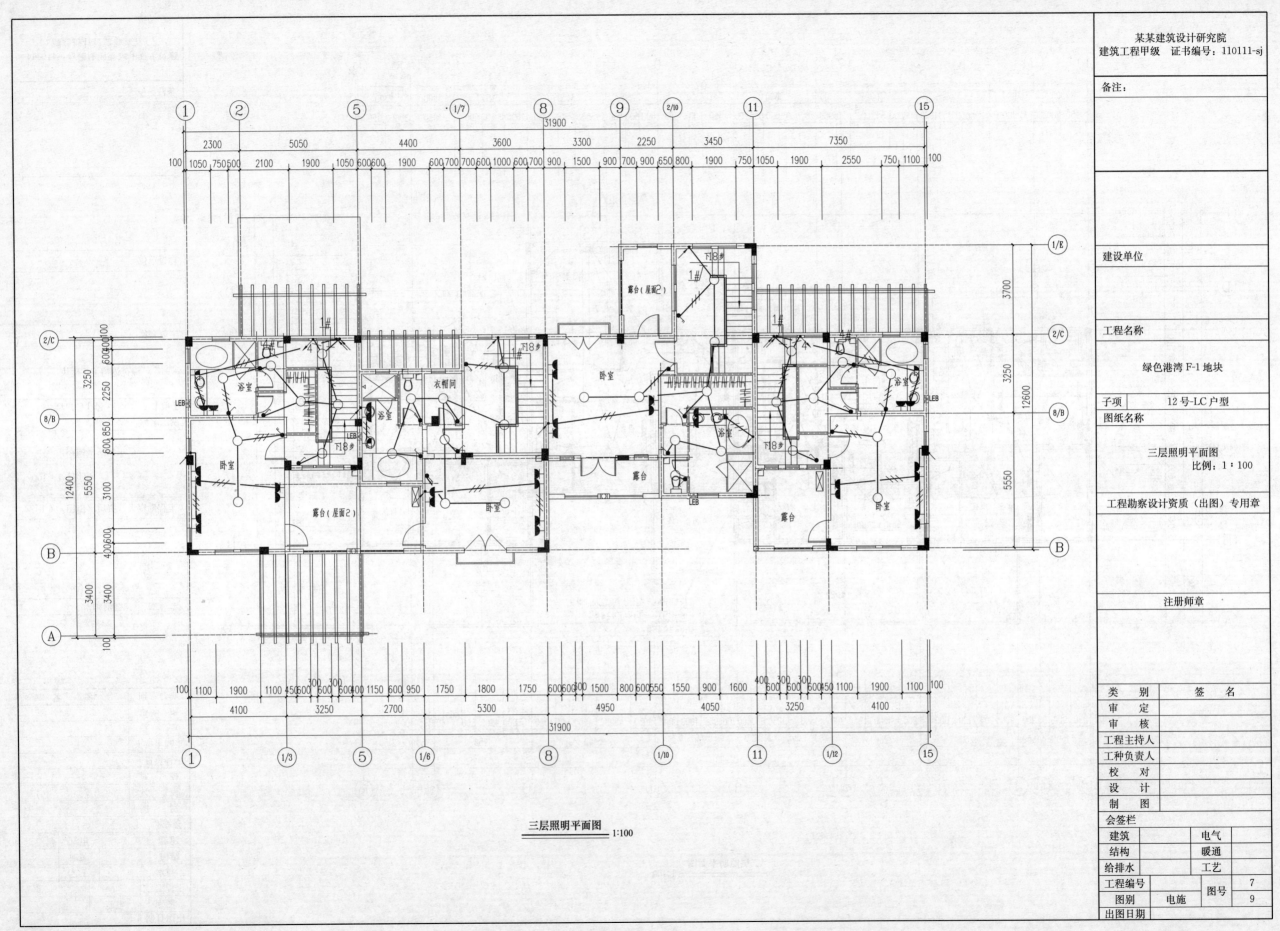

三层照明平面图 1:100

备注：

建设单位

工程名称

绿色港湾 F-1 地块

子项　12 号-LC 户型

图纸名称

三层照明平面图
比例：1：100

工程勘察设计资质（出图）专用章

注册师章

类　别	签　名		
审　定			
审　核			
工程主持人			
工种负责人			
校　对			
设　计			
制　图			
会签栏			
建筑		电气	
结构		暖通	
给排水		工艺	
工程编号		图号	7
图别	电施		9
出图日期			

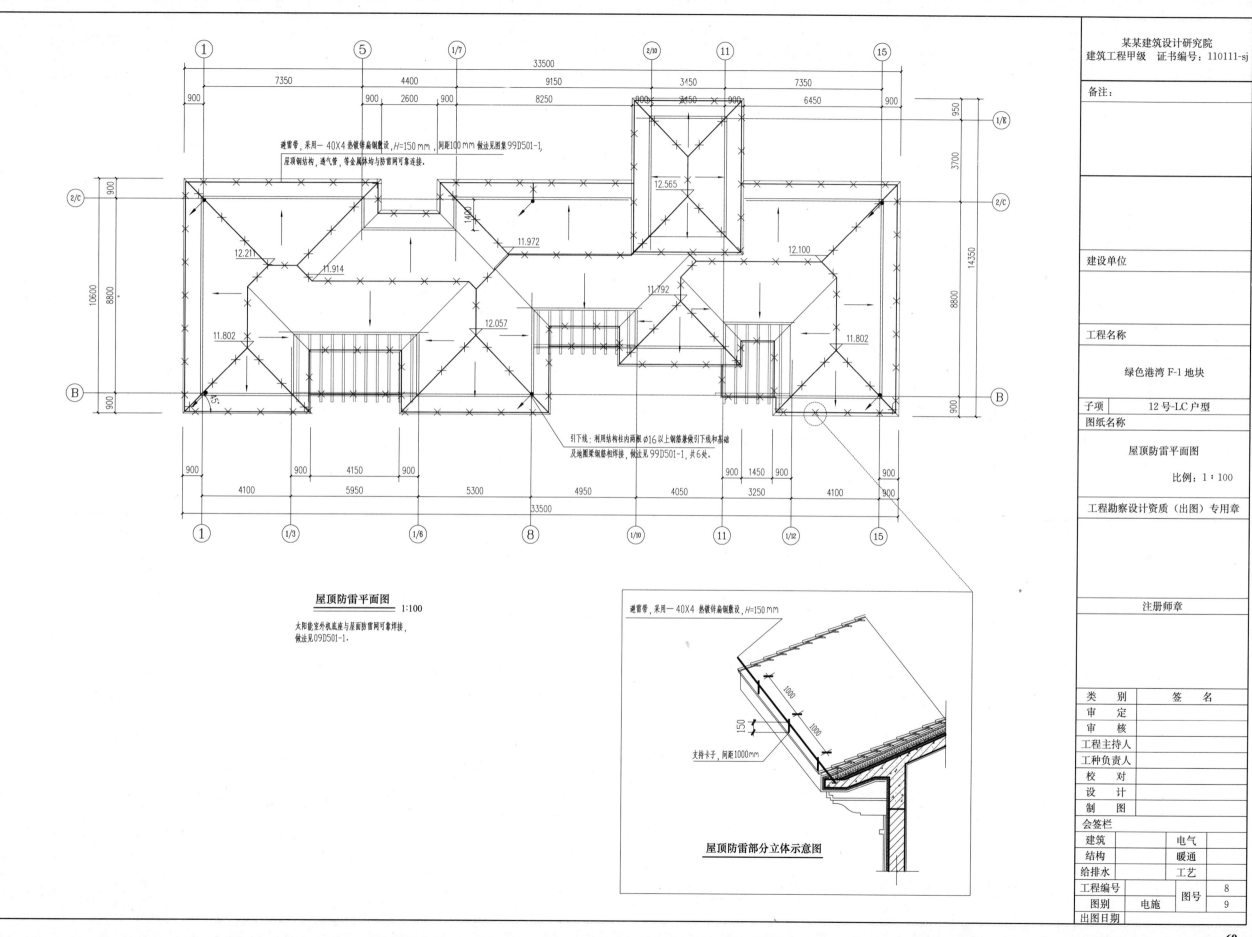

避雷带，采用一40X4 热镀锌扁钢敷设，H=150 mm，间距100 mm 做法见图集99D501-1，屋顶钢结构，通气管，等金属体均与防雷网可靠连接。

引下线：利用结构柱内两根 ∅16 以上钢筋兼做引下线和基础及地圈梁钢筋相焊接，做法见99D501-1，共6处。

屋顶防雷平面图
1:100

太阳能室外机底座与屋面防雷网可靠焊接，
做法见09D501-1。

避雷带，采用一40X4 热镀锌扁钢敷设，H=150 mm
支持卡子，间距1000mm

屋顶防雷部分立体示意图

某某建筑设计研究院
建筑工程甲级 证书编号：110111-sj

备注：

建设单位

工程名称

绿色港湾 F-1 地块

子项 12 号-LC 户型

图纸名称

屋顶防雷平面图

比例：1：100

工程勘察设计资质（出图）专用章

注册师章

类　别	签　名
审　定	
审　核	
工程主持人	
工种负责人	
校　对	
设　计	
制　图	

会签栏

建筑		电气	
结构		暖通	
给排水		工艺	

工程编号		图号	8
图别	电施		9
出图日期			

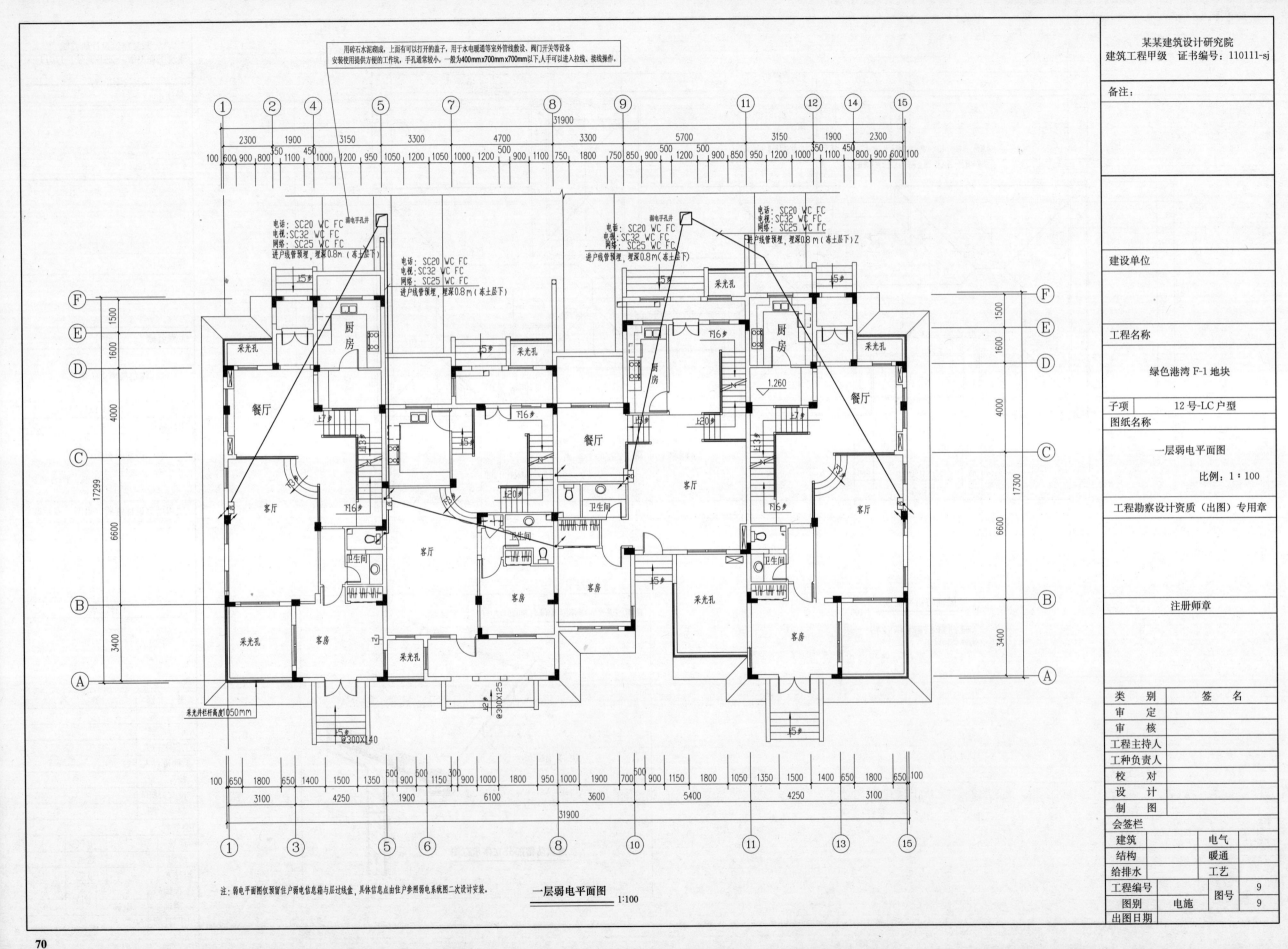

用砖石水泥砌成，上面有可以打开的盖子，用于水电暖通等室外管线敷设、阀门开关等设备
安装使用提供方便的工作坑，手孔通常较小，一般为400mm×700mm×700mm以下,人手可以进入拉线、接线操作。

某某建筑设计研究院
建筑工程甲级　证书编号：110111-sj

备注：

建设单位

工程名称

绿色港湾 F-1 地块

| 子项 | 12号-LC 户型 |

图纸名称

一层弱电平面图

比例：1：100

工程勘察设计资质（出图）专用章

注册师章

类　别	签　名
审　定	
审　核	
工程主持人	
工种负责人	
校　对	
设　计	
制　图	

会签栏

建筑		电气	
结构		暖通	
给排水		工艺	
工程编号			9
图别	电施	图号	9
出图日期			

电话：SC20 WC FC
电视：SC32 WC FC
网络：SC25 WC FC
进户线管预埋，埋深0.8m（冻土层下）

电话：SC20 WC FC
电视：SC32 WC FC
网络：SC25 WC FC
进户线管预埋，埋深0.8m（冻土层下）

电话：SC20 WC FC
电视：SC32 WC FC
网络：SC25 WC FC
进户线管预埋，埋深0.8m（冻土层下）Z

弱电手孔井
弱电手孔井

厨房　厨房　厨房

餐厅　餐厅　餐厅

客厅　客厅

客房　客房　客房　客房　客房

卫生间　卫生间　卫生间

采光孔　采光孔　采光孔　采光孔　采光孔　采光孔

31900

采光井栏杆高度1050mm

@300×125
@300×140

注：弱电平面图仅预留住户弱电信息箱与层过线盒，具体信息点由住户参照弱电系统图二次设计安装.

一层弱电平面图　1:100

70

5 某住宅楼施工图配套标准图集（部分）

表 4.2.2

第4章 梁平法施工图制图规则

第1节 梁平法施工图的表示方法

第4.1.1条 梁平法施工图系在梁平面布置图上采用平面注写方式或截面注写方式表达。

第4.1.2条 梁平面布置图，应分别按梁的不同结构层（标准层），将全部梁和与其相关联的柱、墙、板一起采用适当比例绘制。

第4.1.3条 在梁平法施工图中，尚应按第1.0.8条的规定注明各结构层的顶面标高及相应的结构层号。

第4.1.4条 对于轴线未居中的梁，应标注其偏心定位尺寸（贴柱边的梁可不注）。

第2节 平面注写方式

第4.2.1条 平面注写方式，系在梁平面布置图上，分别在不同编号的梁中各选一根梁，在其上注写截面尺寸和配筋具体数值的方式来表达梁平法施工图。

平面注写包括集中标注与原位标注，集中标注表达梁的通用数值，原位标注表达梁的特殊数值。当集中标注中的某项数值不适用于梁的某部位时，则将该项数值原位标注，施工时，原位标注取值优先（如图4.2.1所示）。

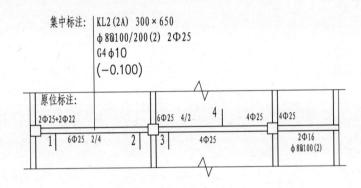

图 4.2.1 平面注写方式示例

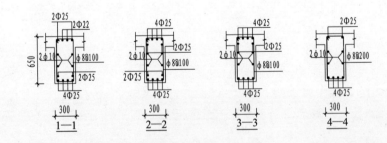

注：本图四个梁截面系采用传统表示方法绘制，用于对比按平面注写方式表达的同样内容。实际采用平面注写方式表达时，不需绘制梁截面配筋图和图4.2.1中的相应截面号。

第4.2.2条 梁编号由梁类型代号、序号、跨数及有无悬挑代号几项组成，应符合表4.2.2的规定。

梁编号 表 4.2.2

梁类型	代号	序号	跨数及是否带有悬挑
楼层框架梁	KL	XX	(XX)、(XXA) 或 (XXB)
屋面框架梁	WKL	XX	(XX)、(XXA) 或 (XXB)
框支梁	KZL	XX	(XX)、(XXA) 或 (XXB)
非框架梁	L	XX	(XX)、(XXA) 或 (XXB)
悬挑梁	XL	XX	
井字梁	JZL	XX	(XX)、(XXA) 或 (XXB)

注：(XXA) 为一端有悬挑，(XXB) 为两端有悬挑，悬挑不计入跨数。

例 KL7 (5A) 表示第7号框架梁，5跨，一端有悬挑；
L9 (7B) 表示第9号非框架梁，7跨，两端有悬挑。

第4.2.3条 梁集中标注的内容，有五项必注值及一项选注值（集中标注可以从梁的任意一跨引出），规定如下：

一、梁编号，见表4.2.2，该项为必注值。其中，对井字梁编号中关于跨数的规定见第4.2.5条。

二、梁截面尺寸，该项为必注值。当为等截面梁时，用 $b \times h$ 表示；当为加腋梁时，用 $b \times h$ $Yc1 \times c2$ 表示，其中 $c1$ 为腋长，$c2$ 为腋高（图4.2.3a）；当有悬挑梁且根部和端部的高度不同时，用斜线分隔根部与端部的高度值，即为 $b \times h1/h2$ （图4.2.3b）。

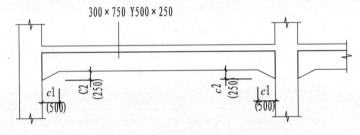

图 4.2.3a 加腋梁截面尺寸注写示意

$b \times h1/h2$ 如 $(300 \times 700/500)$

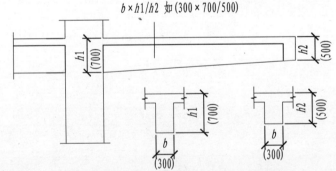

图 4.2.3b 悬挑梁不等高截面尺寸注写示意

三、梁箍筋，包括钢筋级别、直径、加密区与非加密区间距及肢数，该项为必注值。箍筋加密区与非加密区的不同间距及肢数需用斜线"/"分隔；当梁箍筋为同一种间距及肢数时，则不需用斜线；当加密区与非加密区的箍筋肢数相同时，则将肢数注写一次；箍筋肢数应写在括号内。加密区范围见相应抗震级别的标准构造详图。

梁平法施工图制图规则、梁平法施工图的表示方法、平面注写方式	图集号	03G101-1
审核　　校对　　设计	页	22

梁平法施工图制图规则平面注写方式	图集号	03G101-1
审核　　校对　　设计	页	23

例 $\phi10@100/200$（4），表示箍筋为Ⅰ级钢筋，直径 $\phi10$，加密区间距为100mm，非加密区间距为200mm，均为四肢箍。

$\phi8@100$（4）/150（2），表示箍筋为Ⅰ级钢筋，直径 $\phi8$，加密区间距为100mm，四脚箍；非加密区间距为150mm，两肢箍。

当抗震结构中的非框架梁、悬挑梁、井字梁，及非抗震结构中的各类梁采用不同的箍筋间距及肢数时，也用斜线"/"将其分隔开来。注写时，先注写梁支座端部的箍筋（包括箍筋的箍数、钢筋级别、直径、间距与肢数），在斜线后注写梁跨中部分的箍筋间距及肢数。

例 $13\phi10@150/200$（4），表示箍筋为Ⅰ级钢筋，直径 $\phi10$，梁的两端各有13个四肢箍，间距为150mm；梁跨中部分间距为200mm，四肢箍。

$18\phi12@150$（4）/200（2），表示箍筋为Ⅰ级钢筋，直径 $\phi12$，梁的两端各有18个四肢箍，间距为150mm；梁跨中部分，间距为200mm，双肢箍。

四、梁上部通长筋或架立筋配置（通长筋可为相同或不同直径采用搭接连接、机械连接或对焊连接的钢筋），该项为必注值。所注规格与根数应根据结构受力要求及箍筋肢数等构造要求而定。当同排纵筋中既有通长筋又有架立筋时，应用加号"＋"将通长筋和架立筋相联。注写时须将角部纵筋写在加号的前面，架立筋写在加号后面的括号内，以示不同直径及与通长筋的区别。当全部采用架立筋时，则将其写入括号内。

例 $2\Phi22$ 用于双脚箍；$2\Phi22＋（4\phi12）$ 用于六肢箍，其中 $2\Phi22$ 为通长筋，$4\phi12$ 为架立筋。

当梁的上部纵筋和下部纵筋为全跨相同，且多数跨配筋相同时，此项可加注下部纵筋的配筋值，用分号"；"将上部与下部纵筋的配筋值分隔开来，少数跨不同者，按第4.2.1条的规定处理。

例 $3\Phi22$；$3\Phi20$ 表示梁的上部配置 $3\Phi22$ 的通长筋，梁的下部配置 $3\Phi20$ 的通长筋。

五、梁侧面纵向构造钢筋或受扭钢筋配置，该项为必注值。

当梁腹板高度 $h_w \geqslant 450$mm 时，须配置纵向构造钢筋，所注规格与根数应符合规范规定。此项注值以大写字母电话 G 打头，接续注写设置在梁两个侧面的总配筋值，且对称配置。

例 G $4\phi12$，表示梁的两个侧面共配置 $4\phi12$ 的纵向构造钢筋每侧各配置 $2\phi12$。

当梁侧面需配置受扭纵向钢筋时，此项注写值以大写字母 N 打头，接续注写配置在梁两个侧面的总配筋值，且对称配置。受扭纵向钢筋应满足梁侧面纵向构造钢筋的间距要求，且不再重复配置纵向构造钢筋。

例 N $6\Phi22$，表示梁的两个侧面共配置 $6\Phi22$ 的受扭纵向钢筋，每侧各配置 $3\Phi22$。

注：1. 当为梁侧面构造钢筋时，其搭接与锚固长度可取为 $15d$。

2. 当为梁侧面受扭纵向钢筋时，其搭接长度为 L_1 或 L_{1E}（抗震）；其锚固长度与方式同框架梁下部纵筋。

六、梁顶面标高高差，该项为选注值。

梁顶面标高高差，系指相对于结构层楼面标高的高差值，对于位于结构夹层的梁，则指相对于结构夹层楼面标高的高差。有高差时，须将其写入括号内，无高差时不注。

注：当某梁的顶面高于所有结构层的楼面标高时，其标高高差为正值，反之为负值。例如：某结构层的楼面标高为 44.950m 和 48.250m，当某梁的梁顶面标高高差注写为（－0.050m）时，即表明该梁顶面标高分别相对于 44.950m 和 48.250m 低 0.05m。

第4.2.4条 梁原位标注的内容规定如下：

一、梁支座上部纵筋，该部位含通长筋在内的所有纵筋：

1. 当上部纵筋多于一排时，用斜引"/"将各排纵筋自上而下分开。

例 梁支座上部纵筋注写为 $6\Phi25$ 4/2，则表示上一排纵筋为 $4\Phi25$，下一排纵筋为 $2\Phi25$。

2. 当同排纵筋有两种直径时，用加号"＋"将两种直径的纵筋相联，注写时将角部纵筋写在前面。

例 梁支座上部有四根纵筋，$2\Phi25$ 放在角部，$2\Phi22$ 放在中部，在梁支座上部应注写为 $2\Phi25＋2\Phi22$。

3. 当梁中间支座两边的上部纵筋不同时，须在支座两边分别标注；当梁中间支座两边的上部纵筋相同时，可仅在支座的一边标注配筋值，另一边省去不注。（图4.2.4a）。

设计时应注意：

1. 对于支座两边不同配筋值的上部纵筋，宜尽可能选用相同直径（不同指数），使其贯穿支座，避免支座两边不同直径的上部纵筋均在支座内锚固。

2. 对于以边柱、角柱为端支座的屋面框架梁，当能够满足配筋截面面积要求时，其梁的上部钢筋应尽可能只配置一层，以避免梁柱纵筋在柱顶处因层数过多、密度过大导致不方便施工和影响混凝土浇筑质量。

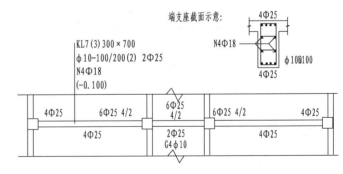

图4.2.4a 大小跨梁的注写示例

二、梁下部纵筋

1. 当下部纵筋多于一排时，用斜线"/"将各排纵筋自上而下分开。

例 梁下部纵筋注写为 $6\Phi25$ 2/4，则表示上一排纵筋为 $2\Phi25$，下一排纵筋 $4\Phi25$，全部伸入支座。

梁平法施工图制图规则 平面注写方式			图集号	03G101-1
审核	校对	设计	页	24

梁平法施工图制图规则 平面注写方式			图集号	03G101-1
审核	校对	设计	页	25

2. 当同排纵筋有两种直径地，用加号"＋"将两种直径的纵筋相联，注写时角筋写在前面。

3. 当梁下部纵筋不全部伸入支座时，将梁支座下部纵筋减少的数量写在括号内。

例　梁下部纵筋注写为6Φ25 2（－2）/4，则表示上排纵筋为2Φ25，且不伸入支座；下一排纵筋为4Φ25，全部伸入支座。

梁下部纵筋注写为2Φ25＋3Φ22（－3）/5Φ25，则表示上排纵筋为2Φ25和3Φ22，其中3Φ22不伸入支座；下一排纵筋为5Φ25，全部伸入支座。

4. 当梁的集中标注中已按第4.2.3条第四款的规定分别注写了梁上部和下部均为通长的纵筋值时，则不需在梁下部重复做原位标注。

三、附加箍筋或吊筋，将其直接画在平面图中的主梁上，用线引注总配筋值（附加箍筋的肢数注在括号内）（图4.2.4b）当多数附加箍筋或吊筋相同时，可在梁平法施工图上统一注明，少数与统一注明值不同时，再原位引注。

施工时应注意：附加箍筋或吊筋的几何尺寸应按照标准构造详图，结合其所在位置的主梁和次梁的截面尺寸而定。

四、当在梁上集中标注的内容（即梁截面尺寸、箍筋、上部通长筋或架立筋，梁侧面纵向构造钢筋或受扭纵向钢筋，以及梁顶面标高高差中的某一项或几项数值）不适用于某跨或某悬挑部分时，则将其不同数值原位标注在该跨或该悬挑部位，施工时按原位标注数值取用。

当在多跨梁的集中标注中已注明加腋，而该梁某跨的根部却不需要加腋时，则应在该跨原位标注等截面的b×h，以修正集中标注中的加腋信息（图4.2.4c）。

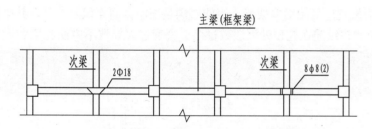

图4.2.4b　附加箍筋和吊筋的画法示例

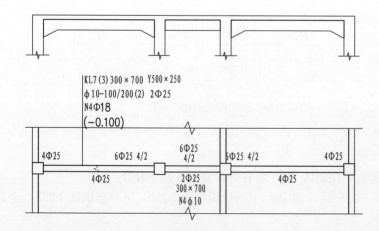

图4.2.4c　梁加腋平面注写方式表达示例

受拉钢筋的最小锚固长度 La

钢筋种类		混凝土强度等级									
		C20		C25		C30		C35		≥C40	
		d≤25	d>25	d≤25	d>25	d≤25	d>25	d≤25	d>25	d≤25	d>25
HPB235	普通钢筋	36d	33d	31d	28d	27d	25d	25d	23d	23d	21d
HRB335	普通钢筋	44d	41d	38d	35d	34d	31d	31d	29d	29d	26d
	环氧树脂涂层钢筋	49d	45d	42d	39d	38d	34d	34d	34d	32d	29d
HRB400 HRB400	普通钢筋	55d	51d	48d	44d	43d	39d	39d	36d	36d	33d
	环氧树脂涂层钢筋	61d	56d	53d	48d	47d	43d	43d	39d	39d	36d

注：1. 当弯锚时，有些部位的锚固长度为≥0.4La＋15d，见各类构件的标准构造产图。

2. 当钢筋在混凝土施工过程中易受扰动（如滑模施工）时其锚固长度应乘以修正系数1.1。

3. 在任何情况下，锚固长度不得小于250mm。

4. HRB235钢筋为受拉时，其末端应做成180°弯钩。弯钩平直段长度不应小于3d。当为受压时，可不做弯钩。

受力钢筋的混凝土保护层最小厚度（mm）

环境类别		墙			梁			柱		
		≤C20	C25~C45	≥C50	≤C20	C25~C45	≥C50	≤C20	C25~C45	≥C50
一		20	15	15	30	25	25	30	30	30
二	a	—	20	20	—	30	30	—	30	30
	b	—	25	20	—	35	30	—	35	30
三		—	30	25	—	40	35	—	40	35

注：

1. 受力钢筋外边缘至混凝土上表面的距离，除符合表中规定外，不应小于钢筋的公称直径。

2. 机械连接接头连接件的混凝土保护层厚度应满足受力钢筋保护层最小厚度的要求。连接件之间的横向净距不宜小于25mm。

3. 设计使用年限为100年的结构：一类环境中，混凝土保护层厚度应按表中规定增加40%；二类和三类环境中，混凝土保护层厚度应采取专门有效措施。

4. 环境类别表详见第35页。

5. 三类环境中的结构构件，其受力钢筋宜采用环氧树脂涂层带肋钢筋。

6. 板、墙、壳中分布钢筋的保护层厚度不应小于表相应数值减10mm，且不应小于10mm；梁、柱中箍筋和构造钢筋的保护层厚度不应小于15mm。

受拉钢筋抗震锚固长度 L_{aE}

混凝土强度等级 钢筋种类与直径		C20 一、二级抗震等级	C20 三级抗震等级	C25 一、二级抗震等级	C25 三级抗震等级	C30 一、二级抗震等级	C30 三级抗震等级	C35 一、二级抗震等级	C35 三级抗震等级	≥C40 一、二级抗震等级	≥C40 三级抗震等级
HPB235	普通钢筋	36d	33d	31d	28d	27d	25d	25d	23d	23d	21d
HRB335	普通钢筋 d≤25	44d	41d	38d	35d	34d	31d	31d	29d	29d	26d
HRB335	普通钢筋 d>25	49d	45d	42d	39d	38d	34d	34d	32d	32d	29d
HRB335	环氧树脂涂层钢筋 d≤25	55d	51d	48d	44d	43d	39d	39d	36d	36d	33d
HRB335	环氧树脂涂层钢筋 d>25	61d	56d	53d	48d	47d	43d	43d	39d	39d	36d
HRB400	普通钢筋 d≤25	53d	49d	46d	42d	41d	37d	37d	34d	34d	34d
HRB400	普通钢筋 d>25	58d	53d	51d	46d	45d	41d	41d	38d	38d	34d
HRB400	环氧树脂涂层钢筋 d≤25	66d	61d	57d	53d	51d	47d	47d	43d	43d	39d
HRB400	环氧树脂涂层钢筋 d>25	73d	67d	63d	58d	56d	51d	51d	47d	47d	43d

注:
1. 四级抗震等级,$L_{aE}=L_a$,其值见前一页。
2. 当采用机械锚固措施时,看些部位的锚固长度为≥0.4L_{aE}+15d,见各类构件的标准构造详图。
3. 在任何情况下,HRB335、HRB400和RRB400级纵向受拉钢筋末端采用机械锚固时,包括附加锚固端头在本图表中的锚固长度可取为本图集第33页。和本页表中锚固长度的0.7倍。机械锚固的形式及构造要求详见本图集第35页。
4. 当钢筋在混凝土施工过程中易受扰动(如滑模施工)时,其锚固长度应乘以修正系数1.1。
5. 式中d为搭接钢筋较小的直径计算。在任何情况下,锚固长度不得小于250mm。

纵向受拉钢筋绑扎搭接长度 L_{lE}、L_1

抗震
$$L_{lE}=\zeta L_{aE}$$

非抗震
$$L_1=\zeta L_a$$

纵向受拉钢筋搭接长度修正系数 ζ

纵向钢筋搭接接头面积百分率(%)	≤25	50	100
ζ	1.2	1.4	1.6

注:
1. 当不同直径的钢筋搭接时,其 L_{lE} 与 L_1 值取较小的直径计算。
2. 在任何情况下,L_1 不得小于300mm。
3. 式中 ζ 为搭接长度修正系数。

混凝土结构的环境类别

环境类别	条 件
一	室内正常环境
二 a	室内潮湿环境,非严寒和非寒冷地区的露天环境、与无侵蚀性的水或土壤直接接触的环境
二 b	严寒和寒冷地区的露天环境、与无侵蚀性的水或土壤直接接触的环境
三	使用除冰盐的环境;严寒和寒冷地区冬季水位变动的环境;滨海室外环境
四	海水环境
五	受人为或自然的侵蚀性物质影响的环境

注:严寒和寒冷地区的划分应符合现行国家标准《民用建筑热工设计规程》JGJ24的规定。

图集号	03G101-1
页	34

设计　校对　审核

纵向受拉钢筋抗震锚固长度 L_{aE}
纵向受拉钢筋搭接长度 L_{lE}、L_1

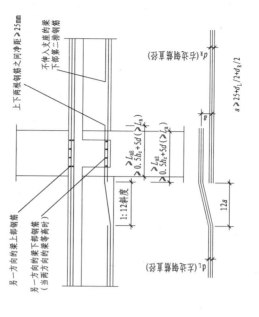

纵向钢筋机械锚固构造

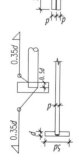

(a) 末端带135°弯钩　(b) 末端与钢筋双面贴焊
(c) 末端与钢筋单面贴焊　(d) 末端与短钢筋双面贴焊

注:
1. 当纵向钢筋直接锚固长度为0.7L_{aE},非抗震可为0.7L_a。
2. 机械锚固端头内的纵向钢筋锚固长度不应少于3个,其直径不应小于纵向钢筋直径的0.25倍,共同距不应小于纵向钢筋直径的5倍。当纵向钢筋直径不小于锚直径的5倍时可不配置上述箍筋。

梁、柱、剪力墙箍筋和拉筋弯钩构造

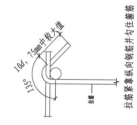
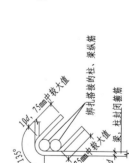
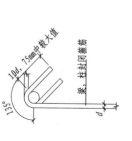

梁中间支座下部钢筋锚固构造
(括号内的非抗震框架梁下部纵筋的锚固长度)

注:
1. 梁中间支座下部钢筋锚固构造,是在支座两边均有一排纵筋,为保证相邻纵筋在上下左右均伸入支座和保证节点区的混凝土浇注质量所采取的构造措施。
2. 梁上部钢筋锚固构造同样适用于非框架梁,当用于非框架梁时,下部钢筋的锚固长度详见本图集图中纵筋相应的抗压强度的锚固面积。
3. 梁(不包括框支梁)下部(不伸入支座)下部纵筋在支座中考虑充分利用钢筋的抗压强度,设计者如果在计算中考虑梁下部纵筋不伸入支座,则在计算时须减去不伸入支座的第一部分钢筋面积。

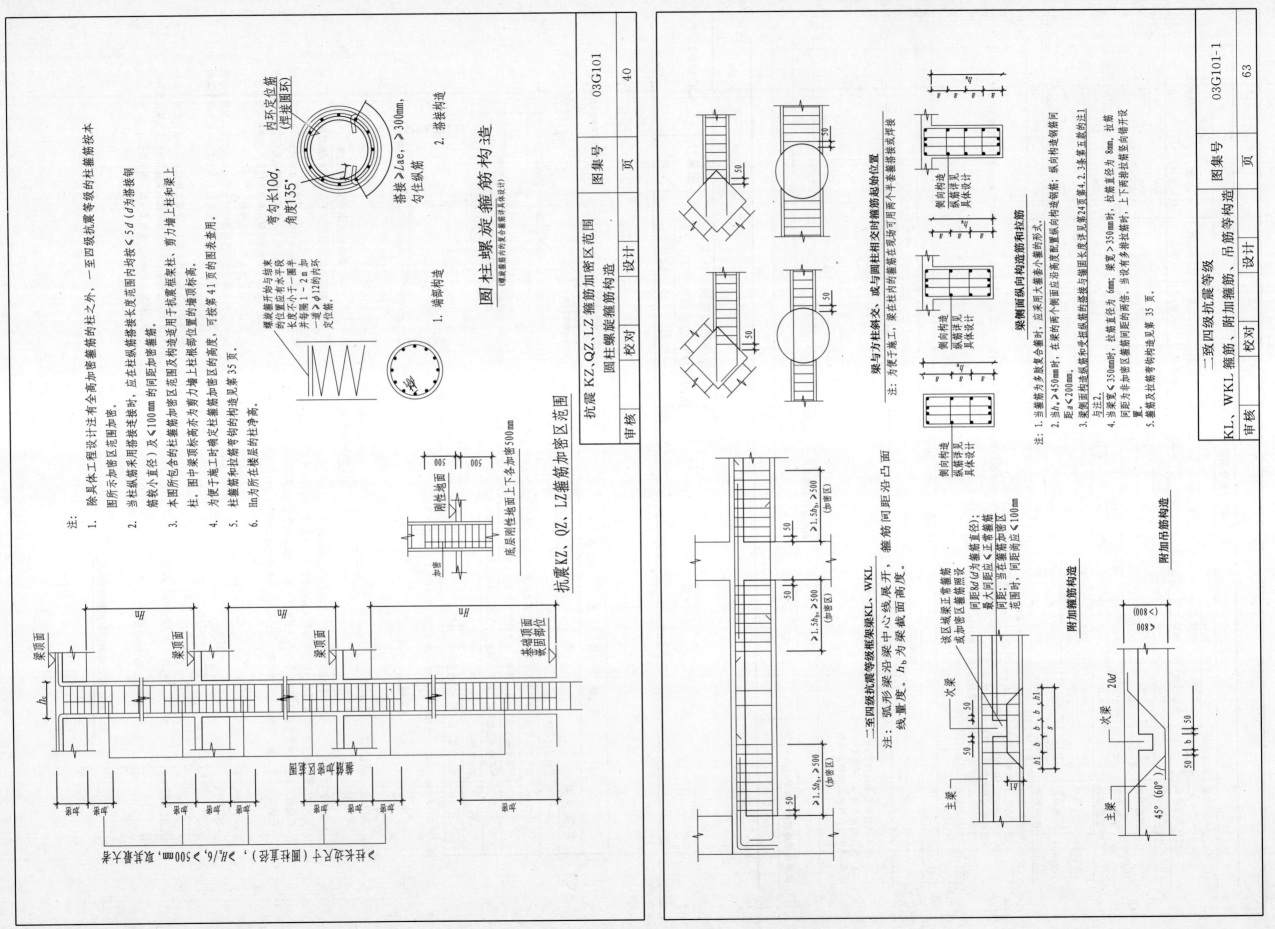

主要材料表

编号	名称	规格	材料	单位	数量
①	低水箱		陶瓷	个	1
②	坐式便器		陶瓷	个	1
③	进水阀配件	DN15	铜	套	1
④	水箱进水管	DN12×15	铜管	米	0.26
⑤	冲洗管及配件	DN50	铜管、塑料管	套	1
⑥	锁紧螺母		铜或塑料尼龙	套	1
⑦	角式截止阀	DN15	铜	个	1
⑧	三通		锻铁	个	1
⑨	冷水管		镀锌钢管	米	

说明：1. 本图按上海太平洋陶瓷有限公司、广东石湾建华陶瓷厂等生产厂的构箱配套的规格尺寸编制。
2. 冷水管可暗装或明装由项目设计决定。

低水箱坐式大便器尺寸表（mm）

生产厂	型号	A	B	C	C_1	E	E_1	E_2	E_3	E_4	E_5	E_6
上海太平洋陶瓷有限公司	CH501	760	480	360	370	400	215	165	65	100	180	65
广东石湾建华陶瓷厂	JW-460A	710	470	390	358	300	192	150	70	96	190	50
唐山陶瓷厂	8701	740	455	360	360	370	205	130	60	90~	180	65
唐山市建筑陶瓷厂	福州式	760	475	360	355	400	215	130	60~ 70	90~ 100	180~	75
北京市陶瓷厂	B-808	760	418	360	400	400	195	1485	60	80	180	76

侧面图

节点 "A"

DN100转铸铁管高出面层10mm

油灰

大便器底

DN100转铸铁管

$\phi5×70$木螺钉
$\phi15$塑料垫管

平面图

立面图

	图集号	90S342
低水箱坐式大便器安装图（一）	页	48

校对
设计
制图

管道基础尺寸表

项目	管内径 d(mm)	管外径 d_1(mm)	上层宽 A(mm)	下层宽 B(mm)	下层高 H_1(mm)	上层高 H_2(mm)	甲型基础边垫高 H_3(mm)	甲型基础混凝土截面面积(m^2)	乙型基础边垫高 H_3(mm)	乙型基础混凝土截面面积(m^2)
1	200	248	268	0	0	100	36	0.032	27	0.036
2	250	308	328	0	0	100	45	0.041	95	0.046
3	300	368	388	388	100	100	54	0.050	114	0.054
4	350	430	450	450	100	100	63	0.060	133	0.059
5	400	492	512	512	120	120	72	0.081	152	0.092
6	450	556	576	576	120	120	81	0.094	172	0.108
7	500	620	640	640	120	120	91	0.108	190	0.124
8	550	680	706	706	120	120	100	0.122	212	0.142
9	600	744	764	774	150	120	110	0.135	230	0.160

说明：
1. 本图适用于 $d≤600mm$ 排水管道，管顶覆土 0.7~2.5m。
2. 土质良好时，下层碎石或碎砖垫层可取消。
3. 当施工过程中需在 H_2 层面处留接头时，则在继续施工时应将同敷面凿毛刷净，以使整个管基结为一体。

甲型基础

乙型基础

C25混凝土

碎石或碎砖垫层

	分类号		图集号	皖90S107
排水管道基础	页			1-1
	（分图号）			

校对
设计
制图

77

附录1 常用建筑材料图例

序号	名称	图例	说　明	序号	名称	图例	说　明
1	自然土壤		包括各种自然土壤	15	纤维材料		包括矿棉、岩棉、玻璃棉、麻丝、木丝板、纤维板等
2	夯实土壤		—	16	泡沫塑料材料		包括聚苯乙烯、聚乙烯、聚氨酯等多孔聚合物类材料
3	砂、灰土		—	17	木材		1. 上图为横断面,左上图为垫木、木砖或木龙骨 2. 下图为纵断面
4	砂砾石、碎砖三合土		—				
5	石材		—	18	胶合板		应注明为×层胶合板
6	毛石		—	19	石膏板		包括圆孔、方孔石膏板、防水石膏板、硅钙板、防火板等
7	普通砖		包括实心砖、多孔砖、砌块等砌体。断面较窄不易绘出图例线时,可涂红,并在图纸备注中加注说明,画出该材料的图例	20	金属		1. 包括各种金属 2. 图形小时,可涂墨
8	耐火砖		包括耐酸砖等砌体	21	网状材料		1. 包括金属、塑料网状材料 2. 应注明具体材料名称
9	空心砖	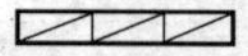	指非承重砖砌体	22	液体		应注明具体液体名称
10	饰面砖		包括铺地砖、马赛克、陶瓷锦砖、人造大理石等	23	玻璃		包括平板玻璃、磨砂玻璃、夹丝玻璃、钢化玻璃、中空玻璃、夹层玻璃、镀膜玻璃等
11	焦渣、矿渣	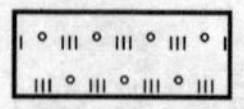	包括与水泥、石灰等混合而成的材料	24	橡胶		—
12	混凝土		1. 本图例指能承重的混凝土及钢筋混凝土 2. 包括各种强度等级、骨料、添加剂的混凝土 3. 在剖面图上画出钢筋时,不画图例线 4. 断面图形小,不易画出图例线时,可涂墨	25	塑料		包括各种软、硬塑料及有机玻璃等
13	钢筋混凝土			26	防水材料		构造层次多或比例大时,采用上图例
14	多孔材料		包括水泥珍珠岩、沥青珍珠岩、泡沫混凝土、非承重加气混凝土、软木蛭石制品等	27	粉刷		本图例采用较稀的点

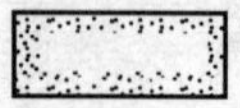

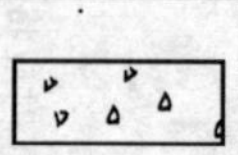

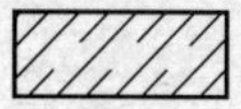

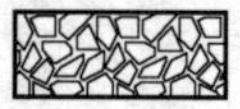

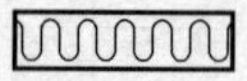

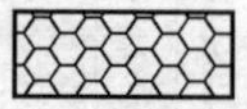

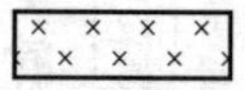

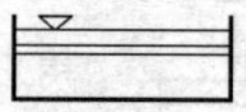

注：序号1、2、5、7、8、13、14、16、17、18图例中的斜线、短斜线、交叉斜线等均为45°。

附录2 常用建筑构造图例

名　称	图　例	名　称	图　例	名　称	图　例
楼梯		通风道		旋转门	
检查孔		新建的墙和窗		单层固定窗	
孔洞				单层外开平天窗	
墙预留洞、槽	宽×高或φ 标高 宽×高或φ×深 标高	空洞门		左右推拉窗	
		单扇门		单层外开上悬窗	
		双扇门		入口坡道	下　　下
烟道		双扇推拉门		桥式起重机	Gn=t S=m
		单扇弹簧门			
		双扇弹簧门		电梯	

79

附录3 常用结构构件代号

序号	名称	代号	序号	名称	代号	序号	名称	代号
1	板	B	15	吊车梁	DL	29	基础	J
2	屋面板	WB	16	圈梁	QL	30	设备基础	SJ
3	空心板	KB	17	过梁	GL	31	桩	ZH
4	槽形板	CB	18	连系梁	LL	32	柱间支撑	ZC
5	折板	ZB	19	基础梁	JL	33	垂直支撑	CC
6	密肋板	MB	20	楼梯梁	TL	34	水平支撑	SC
7	楼梯板	TB	21	檩条	LT	35	梯	T
8	盖板或沟盖板	GB	22	屋架	WJ	36	雨篷	YP
9	挡雨板或檐口板	YB	23	托架	TJ	37	阳台	YT
10	吊车安全走道板	DB	24	天窗架	GJ	38	梁垫	LD
11	墙板	QB	25	框架	KJ	39	预埋件	M
12	天沟板	TGB	26	刚架	GJ	40	天窗端壁	TD
13	梁	L	27	支架	ZJ	41	钢筋网	W
14	屋面梁	WL	28	柱	Z	42	钢筋骨架	G

附录4 常用给水排水工程图例

名称	图例	名称	图例	名称	图例	名称	图例
生活给水管	—— J ——	存水弯		止回阀		水泵接合器	
污水管	—— W ——	截止阀	DN≥50 DN<50	球阀		圆形地漏	平面 系统
水嘴	平面 系统	洗脸盆		盥洗槽		自动冲水箱	
室外消火栓		清扫口	系统 平面	方沿浴盆		室内消火栓(双口)	平面 系统
通气帽	成品 铅丝球			拖布盆		卧式水泵	平面 系统
				壁挂式小便器		管道清扫口	平面 系统
				小便槽		室内消火栓(单口)	平面 系统
				蹲式大便器			
				坐式大便器			
				淋浴喷头			

附录5 常用电气、照明和电信平面布置图例

名 称	图 例	名 称	图 例	名 称	图 例
多种电源配电箱(屏)		暗装单相两线插座		事故照明配电箱(屏)	
照明配电箱		暗装单相带接地插座		壁龛交接箱	
断路器		暗装三相带接地插座		室内分线盒	
隔离开关		明装单相两线插座		单极拉线开关	
灯或信号灯的一般符号		明装单相带接地插座		明装单极开关	
防水防尘灯		暗装三相带接地插座		暗装单极开关	
荧光灯一般符号		防爆三相插座		明装二级开关	
三管荧光灯		向上配线		暗装二级开关	
五管荧光灯		向下配线		定时开关	
防爆荧光灯		垂直通过配线		钥匙开关	

附录6 常用电气设备文字符号

设备、装置和元器件种类	举 例 中文名称	举 例 英文名称	基本文字符号 单字母	基本文字符号 双字母
	分离元件放大器	Amplifier using discrete components		
	激光器	Laser		
	调节器	Regulator		
	本表其他地方未提及的组件、部件			
	电桥	Bridge		AB
	晶体管放大器	Transistor amplifier		AD
	集成电路放大器	Integrated circuit amplifier		AJ
	磁放大器	Magnetic amplifier		AM
	电子管放大器	Valve amplifier		AV
	印制电路板	Printed circuit board		AP
	抽屉柜	Drawer		AT
	支架盘	Rack		AR
	天线放大器	Antenna amplifier		AA
	频道放大器	Channel amplifier		AC
	控制屏(台)	Control panel(desk)		AC
	电容器屏	Capacitor panel		AC
组件部分	应急配电箱	Emergency distribution box	A	AE
	高压开关柜	High voyage switch gear		AH
	前端设备	Headed equipment(Head end)		AH
	刀开关箱	Knife switch board		AK
	低压配电屏	Low voltage distribution panel		AL
	照明配电箱	Illumination distrbution board		AL
	线路放大器	Line amplifier		AL
	自动重合闸装置	Automatic recloser		AR
	仪表柜	Instrument cubicle		AS
	模拟信号板	Map(Mimic)borad		AS
	信号箱	Signal box(board)		AS
	稳压器	Stabilizer		AS
	同步装置	Syncronizer		AS
	接线箱	Connecting box		AW
	插座箱	Socket box		AX
	动力配电箱	Power distribution board		AP

参 考 文 献

［1］ 中国建筑标准设计研究所. 混凝土结构施工图平面整体表示方法制图规则和构造详图 03G101-1. 北京：中国建筑标准设计研究所，2003.

［2］ 安徽省工程建设标准设计办公室. 给排水工程标准图集 DBJT11-37. 皖 90S101-107. 合肥：安徽省工程建设标准设计办公室，1990.

［3］ 上海市民用建筑设计院. 给水排水标准图集 JSJT-158. 90S342. 北京：中国建筑标准设计研究所，1990.